生态文明建立的体制因素

——区域生态治理理论与实践

傅光华■编著

中国林业出版社

图书在版编目（CIP）数据

生态文明建立的体制因素 : 区域生态治理理论与实践 / 傅光华编著.
-- 北京 : 中国林业出版社, 2021.12
ISBN 978-7-5219-1419-1
Ⅰ. ①生… Ⅱ. ①傅… Ⅲ. ①区域生态环境－环境管理－研究－中国 Ⅳ. ①X321.2

中国版本图书馆CIP数据核字(2021)第235210号

责任编辑　杨　洋
装帧设计　孙　俊

出　　版　中国林业出版社
地　　址　北京市西城区刘海胡同7号　100009
网　　址　https://www.forestry.gov.cn/lycb.html
E-mail　cfybook@163.com
电　　话　010-83143580
印　　刷　河北京平诚乾印刷有限公司
版　　次　2021年12月第1版
印　　次　2021年12月第1次
开　　本　787mm×1092mm 1/16
印　　张　14.5
字　　数　225千字
定　　价　58.00元

作者简介

傅光华，国家林业和草原局产业发展规划院副总工程师，教授级高级工程师，国家注册咨询（投资）工程师。发展院（原设计院）建院60周年十大突出贡献人员，中国高层次科技人才库首批入库人员及国家科学技术奖励评审专家库专家。从事林业工程、生态修复、农林资源综合利用、制浆造纸等工程研究、咨询和设计工作。是我国林纸一体化体系构建者之一，也是林纸领域生态环保友好、金融支持林纸实现跨越式发展的积极践行者。主持构建了我国现代涉密载体销毁技术体系、边境森林防火基础数据库体系，参与构建了国家公园监测指标与监测技术体系。主持的项目获得国家级奖励3项、省部级奖励14项，获第八届中国林业青年科技奖。

前　言

2016年主持国家发展改革委委托的前一轮退耕还林还草工程后评估工作，评估结果显示的巨大综合效益是出乎预料的。一项涉及25个省（自治区、直辖市）、面积达2982万公顷（折合44728.7万亩）、工程总投入4071.97亿元的世界历史上最大的生态修复工程——退耕还林还草工程，即使按照相对保守的国民经济量化评估，其综合效益的内部收益率仍远高于一般的经济类项目，每年可带来生态效益1.6万亿元，每年产生的直接经济效益可达740亿元，按照社会折现率8%计算，30年计算期的动态内部收益率达47%，回收期仅7.94年，同时，可有效地控制工程治理地区的水土流失和风沙危害，带来巨大的生态、经济和社会效益，工程很好地诠释了“两山论”的科学论断。自此，开始结合林草行业工作实践思考、研究区域宏观生态方面的问题，继而注意到我国区域性生态退化延续了几千年，区域性生态退化沿黄河流域从西到东，最后跨流域转向长江流域。进一步研究显示，这种区域宏观生态趋势与自然资源承载力及社会（人、体制、政策等）密切相关，并伴随着人类文明进步和生产力提高而加速，新中国成立后才开始逐步从退化趋势的遏制到逆转，黄河上游降水由微量增加到明显增加，逐步缓慢迈入流域大气地面湿化耦合的第一阶段。这种区域宏观生态局面用环境二元论难以解释清楚，而研究生物与环境相互关系的生态学却能很好地阐述。用生态学思维研究几千年来的区域宏观生态问题，发现在一个大跨度区域，在自然本底没有发生大的异变的前提下，“人”的因素是关键，阶级形成后，统治阶级是否具备体制生态自觉是驱动区域性宏观生态异变方向的真正原因。

2021年是中国共产党建党100周年，把生态学实践对马克思、恩格斯人与自然关系的哲学及中国特色生态文明思想真理的检验和验证方面的实践思考、认识和心得整理成册作为献礼，是件很有意义的事情。本书在分析大量生态实践和多领域相关研究成果的基础上，对流域性宏观生态产生了一些新的认识，提出了一些新的观点：

1．决定区域宏观生态环境异变的主要驱动力是体制因素。中国几千年来生态呈流域性退化的直接因素是单一农耕治国和以农立国的体制，生产力水平的提升反而加速了退化的进程，气候等因素叠加会放大影响程度。新中国成立后的体制生态自觉和能够集中资源办大事的体制优势，是遏制、反转几千年来生态退化趋势的根本原因。这从生态学逻辑说明了只有中国共产党才能领导全国人民实现民族复兴，只有社会主义才能救中国的真理。

2．剖析中华文明单一农耕、以农立国的历史成因和必然性及其导致黄河、长江两大流域生态异变（趋势性退化），以及新中国成立后这种趋势逆转的内在驱动力，从马克思人与自然关系哲学思想出发，研究生态学人–自然–社会三大构成要素中，因阶级的产生，统治阶层对一区域、一国人类社会属性发展具有主导地位的特点，提出大区域或跨区域宏观生态异变的主要驱动力是体制因素，从而解决了区域宏观生态异变的动力源问题。

3．从生态学逻辑分析了习近平生态文明思想是在继承生态学人类自然观（简称“人自观”）、中国传统生态思想、马克思、恩格斯人与自然关系哲学思想、广义生态文明观基因的基础上，结合中国当代实践和百年大变局发展需要而构建的创新思想体系。从生态学提出习近平生态保护问责式执政是体制生态自觉和习近平生态文明思想的有机构成，对促进生态建设产生巨大促进作用，充分展现了中国特色。

4．开创性提出1998年特大洪灾对促进生态文明建设的正面作用，首次从粮食满足率和耕地实际需求变化揭示出退耕还林还草工程实施的内在规律和必然性。该特大型生态修复工程的成功实施诠释了习近平总书记“两山论”的科学性。

5．发现了1998年特大洪灾与耕地需求线快速下降、流域调水工程与黄河流域天地水汽耦合现象形成的两大巧合，从表面上的偶然性，揭示出实际上是制度优势和体制作为的内在必然性。

6．提出流域大气地面湿化耦合判断，即干旱、半干旱地区随着生态改善，存在流域级大气水汽和地表湿润度耦合现象，且这种现象由上游向下游缓慢扩展的推断。从流域生态理论上提出了人工水汽干预的必要性，中线、东线、西线三大生态调水工程的现实意义，建议尽快启动西线工程的紧迫性。

本书包括五篇16章及前言、后记，按照人与自然共生关系、跨流域生态退化变迁史、逆风起帆山河修复在行动、生态自觉安以久动之徐生、夫唯不盈故能蔽而新成逻辑展开。本书兼有科普性和专业性双重特点，一方面从宏观生态、政策、行业发展角度梳理、总结生态文明方面的理论、政策、成效和问题，以具一般知识解读性和科普性；另一方面，又有一定的专业研究、统计分析、论证等内容和创新性结论，具有一定的专业深度、理论创新及参考价值。

需要说明的是，本书提到的重点保护野生动植物均为2021年新版《国家重点保护野生动物名录》《国家重点保护野生植物名录》发布之前的统计数据。

本书形成过程中得到本单位——国家林业和草原局产业发展规划院院领导和部门团队的指导和帮助，得到同行专家的指教，在此一并表示感谢！同时需要诚恳地说明，由于水平有限，定会存在不妥或错误之处，敬请批评指正。

傅光华

2021年9月9日于京

目　录

第1篇

人与自然共生关系

该篇包括理论基础、人与自然互动关系、人与环境的互适能力、理论创新和应用4章。

◆本着生态学的人自观走可持续发展的道路；“天人合一”是当今建设生态文明的思想源泉；马克思人与自然关系思想是人自生命共同体的哲学基础；广义的生态文明为实现“人·地”共荣提供理论基础；习近平生态文明思想是继承和发展而成的中国特色生态文明理论体系。

◆人与自然是对立统一的；自然通过地理、环境、资源变化影响着人类；人类通过消费结构和生活方式、技术和组织手段影响自然。

◆早期人类以迁徙方式适应环境，火和工具的使用促进了社会进步和人口数量的增长，对环境的破坏超过环境恢复能力时，出现了真正的第一次生态危机；生产力水平提高推动了人类适应环境的能力，循环往复，人类与环境总是这样螺旋式或呈波浪式地适应与发展着；生态危机是推动人类社会进步的互适方式，每一次危机都改变着人与环境的依存关系，使人类一次次地从与环境和谐相处到不和谐，再从不和谐到和谐发展。

◆为便于大空间跨度生态行为和现象研究，提出区域宏观生态异变和流域大气地面湿化耦合论。在区域环境没有大的物理性突变的前提下，影响区域宏观生态异变的主要驱动力是政治体制。

1 理论基础

1.1 生态学人自观

人与自然的关系实际上是一个生态学问题。生态学是研究生物与环境相互关系的科学。生态，永远是一个没有边界的哲学范畴，包括人与人、人与家、人与自然的和谐统一。适应是生态学的核心问题，人适应自然，一定范畴内，自然也会因人为因素发生改变，包括正向的和反向的。

自从公元19世纪60年亨利·戴维·梭罗在瓦尔登湖开展环境研究并写成著名的《瓦尔登湖畔》一书，把环境因素纳入生物学研究，开创了生物科学的新时代，从而产生了生态思想。生态学认为，人是自然之物，也是人文之物，人生是自然与人文两方面的统一整体，但人之为人，其主导方面在于其超越自然物的方面。环境破坏的始作俑者是人，问题出在人身上，解决环境问题最终还是需要解决人的问题。阶级出现后，引导或左右人类行为方向的主动权在拥有强权和掌握资源分配权的政治及体制。

在生态学看来，世界不是原来的由自然对象构成的世界，而是由“自然、社会与人”构成的动态平衡的复合系统。所以，“生态”不仅指自然的存在方式，也不是单一的人与自然的关系状态，而是指如海德格尔所说的“在”的诗意的存在方式。从这个意义上说，生态和环境是不同的。环境是人类中心主义的一个术语，是主客分离的二元对立的产物；生态则更多地体现为相互依存的整体化的系统联系。生态问题提出重要的是唤起人们的生态意识，用生态观重塑人们的价值观，让人们重新采取一种合乎生态的生活方式，走可持续发展的道路。因为生态危机就是人性的危机，生态失衡是人的本性失衡的体现。

从这个意义上说，生态的观念不能停留在环境污染、土地沙化的具体层面上，首先应该关注的是人与自然关系的状态。在人与自然的关系上我们更应该强调人与自然的亲和关系，体现出更多的人文关怀，特别是在世界全球化的今天，我们更应该站在全人类的立场上看待生态问题，其生态学的人文关怀就是特征之一。

自然是万物赖以生存的基础，人的生命活动一时一刻也离不开的依托，它们构成矛盾的统一体，相互影响、相互作用、相互发展，由此构成千变万化、丰富多彩的人类社会。正如马克思所说："社会是人同自然界的完成了的本质的统一"，生态环境则是自然的有机整体，是人类生存和发展的基本条件。随着科技的飞速发展，人类改造自然的能力大幅提升，同时人类的生产活动、消费活动对自然界的巨大冲击，引发了事关人类命运的大问题，即生态危机问题。当代生态危机主要表现在三个方面：人口问题、资源问题、环境问题。

生态危机是人与自然对立冲突的必然结果。如果人与自然的关系不和谐，势必造成自然资源的枯竭，生态环境的污染和破坏，经济无从发展，人民喝不上干净的水、呼吸不上清洁的空气、吃不上放心的食物，必然引发严重的社会问题。所以说，人与自然和谐相处，按自然规律办事，科学地利用自然，使之长久地为人们的生活和社会的发展服务，具有重要的意义。

生态自然观把人、自然、社会作为人类生存的生态整体来看待，从根本上解决了人与自然的矛盾与分裂，从而克服和纠正了传统自然观的缺点和偏颇。

首先，生态自然观强调"人–自然–社会"和谐一致的整体性。自然界不仅为人类提供了直接生活资料，还是人类生命活动的家园，人类虽然依靠自己的聪明才智获得了巨大的生存空间，但是仍然离不开生态系统和其他生命的支撑，人与自然界的其他存在物一样都是整体存在链上的环节，人与自然的整体性乃是人类存在的基本因素。

其次，生态自然观主张自然具有自己独立的内在价值，反对狭隘的人类中心主义，并提出尊重自然、关爱自然的思想。它打破传统的自然观，认为人类不应该成为自然的主宰，自然也不应该成为人类任意宰割和处置的对象，人类应把自身放在人与自然平等和谐的关系中看待和处理人与自然的关系，应从相亲相爱的立场上去构建人与自然的和谐关系。

再次，生态自然观吸取了生态自然学、生态哲学、生态社会学、生态美学等领域的一系列最新成果作为自己的理论营养，从更为广阔的时空观来关注人与自然的整体前途和命运，打破了传统自然观的封闭状态，极大地丰富了自身内涵，从而使理论更具整体性、综合性和开放性。从内涵上来看，生态自然观不仅将现代生态学的一系列原则借鉴吸收到自己的价值体系中，而且兼收并蓄了生态哲学、生态美学等领域的合理的要素和最新成果。从空间上看，生态自然观同全球观和宇宙观相联系，从全球视野来看，环境问题没有国界，任何一个国家都不可能单独解决人类所面临的全球性问题。

自然界是一个多样性的价值体系，包括生态价值、经济价值、科学价值、美学价值、多样性和统一性价值及精神价值等等。其中，生态价值才是最大最重要的价值，因为它为人类提供了诸如空气、水等生命要素和适宜的空间，由于它具有无形的、潜在的、永久性的特征，常被人们所忽视，不少人受功利主义的驱使，以经常牺牲长远的生态价值为代价去获取一时的经济利益，造成生态环境的日趋恶化。所以我们在评估自然的价值时，应把生态价值放在首位，在不削弱或破坏自然生态价值的基础上兼顾多维的价值利益，让自然得以正常发展。

从自然生态观来考虑，人与自然的关系应该是相互交融的和谐的关系。通俗地说，一方面人类是环境的产物，是自然的一部分，人类要依赖自然环境才能生存和发展；另一方面，人类不是被动地适应自然环境，而是主动地改造环境，使其更适合人类的生存和发展。人与自然就是在这种相互关联、相互制约中求发展。 因此，人虽然是万物之灵，但必须与自然界保持协调，不断用理性化的行为和规范，协调经济发展、社会进步与生态平衡之间的相互关系，努力做到三者和谐统一。只有我们能做到社会和环境在内的多种因素共同发展，才能使我们在创造与追求今世的发展和消费时，不会剥夺或破坏后代人本应合理享有的同等发展和消费的权利，真正地做到人与自然和谐相处。

1.2 中国传统生态思想

中国古代先民以农业为主，基本上是靠天吃饭，自然环境与生态就显得特别重要。所以，生态智慧与生态文明在古代典籍中也就特别丰富。

我国传统文化体现了古人高度的生态智慧，也为我们今天的生态文明建设提供了宝贵的精神财富。“天人合一”“天人一体”是中国传统文化的基本特点，也是当今建设生态文明的重要基础，虽无生态字样，却有着丰富的生态思想。

中华民族向来尊重自然，绵延5000多年的中华文明孕育着丰富的生态文化。《易经》中说，“观乎天文，以察时变；观乎人文，以化成天下”。

《老子》曰“人法地，地法天，天法道，道法自然。”《孟子》云“不违农时，谷不可胜食也；数罟[音：gǔ]不入洿[音：wū]池，鱼鳖不可胜食也；斧斤以时入山林，材木不可胜用也。”

《荀子》“草木荣华滋硕之时，则斧斤不入山林，不夭其生，不绝其长也”及《齐民要术》“顺天时，量地利，则用力少而成功多”的记述，都是把天地人统一起来，把自然生态同人类文明联系起来，按照大自然的规律活动。

同时，我国古代很早就把关于自然生态的观念上升为国家管理制度，专门设立掌管山林川泽的机构，制定政策法令，这就是虞衡制度。《周礼》记载，设立“山虞掌山林之政令，物为之厉而为之守禁”，“林衡掌巡林麓之禁令而平其守”。秦汉时期，虞衡制度分为林官、湖官、陂官、苑官、畴官等。虞衡制度一直延续到清代。

我国不少朝代都有保护自然的律令并对违令者重惩。周易《易传·象》记载：“‘同人’，文明以健，中正而应，君子正也”，提倡文明纯正美德。提倡“刚健而文明，应乎天而时”的顺天应时的自然观和“刚柔交错，文明以止”的人文观。

《易传》有“裁成天地之道，辅相天地之宜”，“范围大地之化而不过，曲成万物而不遗”等，古代哲人早就考虑到人与自然关系问题。

《周易》强调天地人和谐，强调符合自然规律，又要调节自然变化过程，这种思想在中国2000多年的历史中，用于农业生产。

“天行健，君子以自强不息；地势坤，君子以厚德载物”，代表了中华文明的精神，也与生态文明的内涵一致。

1.3 马克思、恩格斯人与自然关系思想

马克思主义的自然观是在批判德国古典哲学的基础上产生的，是一种辩证的、实践的自然观。马克思的自然观包含两层含义：一是自在自然，既包括人类

产生之前的自然，又包括尚未被人类认识和改造过的自然。马克思认为“被抽象地、孤立地理解的，被固定为与人分离的自然界，对人说来也是无。”二是人化的自然，即作为人类认识和实践客观对象的自然，被人的实践活动改造过的自然，体现了人类的认识、实践活动与自然界有机统一的自然。马克思主义自然观的主要内容包括以下三点：首先，“人化自然”或者“自然的人化”是马克思主义自然观的核心内容。其次，马克思认为人和自然是相互依赖、相互影响的辩证关系。最后，实践是人和自然相互影响、相互作用的中介。

马克思、恩格斯关于人与自然关系的思想，是一个由人与自然关系思想形成的认识论前提、人与自然关系的辩证统一性、人与自然关系的对立冲突及其和解路径等多方面内容构成的有机整体。马克思、恩格斯立足辩证唯物主义和历史唯物主义的观点，阐明了人之于自然界以及自然之于人的地位和作用，强调人与自然是相互影响、相互依存的生命共同体。

1.3.1 人与自然的一体同一性

自然界各物种之间相互依赖、相互作用，共同构成一个完整不可分割的生命有机体。恩格斯在《自然辩证法》中说：“自然界中任何事物都不是孤立发生的”，马克思指出：“一个存在物如果在自身之外没有自己的自然界，就不是自然存在物，就不能参加自然界的生活”。随着生产力的发展、科学技术的进步，人类认识、理解自然的能力也会不断增强，对自然规律的把握也会越科学、准确，人类对自身与自然之间一体性、同一性认识也就越深刻，对于充斥于社会实践活动的形形色色反自然的思想、观念或行为的批判也会越激烈。正如恩格斯所说：“我们一天天地学会更正确地理解自然规律，学会认识我们对自然界习常过程的干预所引起的较近或较远的后果……人们就越是不仅再次地感觉到，而且也认识到自身和自然界的一体性，而那种关于精神和物质、人类和自然、灵魂和肉体之间的对立的荒谬的、反自然的观点，也就越不可能成立了。”

1.3.2 人在自然面前的受动性

马克思认为，作为自然存在物，人类若想满足自身存在和发展的需要，必须依靠或受限于自然环境、自然对象以及自身之自然的影响和制约，人在自然面前是受制约、受限制的存在。“人作为自然的、肉体的、感性的、对象性的存在物，同动植物一样，是受动的、受制约的和受限制的存在物”。

在马克思看来，作为自然存在物的人，一旦脱离自然，将无法从事任何意义的生产实践活动。这一特征决定了人在自然面前特有的主动性、主体性特征，绝不可能通过摆脱或违背自然规律的规约限制，以征服或抗争自然的方式实现。

1.3.3 人在自然面前的能动创造性

马克思认为，相对于人而言，自然是一个“有缺陷的存在物”，它只能为人与动物提供某种生命可能性。恩格斯认为：“在自然界中（如果我们把人对自然界的反作用撇开不谈）全是没有意识的、盲目的动力……在所发生的任何事情中，无论在外表看得出的无数表面的偶然性中，或者在可以证实这些偶然性内部的规律性的最终结果中，都没有任何事情是作为预期的自觉的目的发生的”。同样，动物世界发生的一切也只是出自本能。动物也只是依靠本能，按它所从属的种的尺度和需要进行生产或建造；而且，为了满足自身的需要，动物几乎无条件地依赖于自然，且仅能通过自身的存在消极地适应日渐改变的自然界。相对于自然、动物的存在方式而言，人的生命活动是有意识的，他可以“使自己的生命活动本身变成自己的意志和意识的对象”。

因此，马克思提出人不仅是自然存在物，而且是类存在物。这是因为人类在认识、改造自然的过程中，不仅可以凭借激情、理性和意志自由等人所特有的主体性因素，运用自己创造或发明的科学、宗教、艺术、道德等尺度进行生产或创造，而且可以把自身的内在尺度运用于其生产劳动对象，并遵循美的规律进行设计和创造，使自然界成为他的作品和他的现实，并在他所创造的世界中直观自身，实现人与自然的本质统一。也正是在这个过程中，人类在自然这个自在之物上深深地打上自己的印记，使之变成体现人类目的、满足人类欲求的为我之物，并将自身发展演化成为生动现实的且具有能动创造性的存在。因此，自然也不再仅仅作为一个纯粹有用物呈现在人类面前。

1.3.4 人与自然是客观现实的存在，且自然优先于人的存在

马克思、恩格斯强调自然与人的客观现实性、自然之于人的先在性以及劳

动、科学技术在人与自然关系形成过程中的重要作用，在坚持唯物主义的基础上，主张运用劳动实践的观点阐释人、自然及其相互关系。在马克思看来，即便是人的客观实在性也是作为自然存在物的人，在社会实践过程中通过自身真实而具体的劳动，证实了自己的对象性活动，验证了自身的活动是对象性的自然存在物的活动。离开了自然，人类不仅无法证实自身的客观现实性，而且无法从事任何意义的改变或创造活动。也正是从这个意义上说，“人并没有创造物质本身。甚至人创造物质的这种或那种生产能力，也只是在物质本身预先存在的条件下才能进行”。

1.3.5 科学技术是人与自然之间关系协调发展的重要手段

马克思、恩格斯从辩证唯物主义观点出发，将认识自然、改造自然视为人类从事社会实践活动的两个重要环节，强调两者相互影响、相互作用。他们认为，科学技术本质上是自然力与人的智力、自然规律与人的目的需要的有机统一，如果说劳动是人类认识自然的中介，是人通过自身活动调节、控制人与自然的物质变换过程，那么科学技术则应是人类改造自然或进一步深入认识自然不可或缺的手段或工具。正如马克思所说，自然科学“只是由于商业和工业，由于人的感性活动才达到自己的目的和获得自己的材料的”，技术是一种特殊的劳动资料，是“劳动者置于自己和劳动对象之间，用来把自己的活动传到劳动对象上去的物或物的综合体”。

1.4 传统生态文明观

工业文明带来的前所未有的社会危机和生态危机，严重地威胁着人类自身的生存，阻碍着人类社会的发展，生态文明给陷入困境中的人类带来了曙光。

在众多的传统生态文明定义中，可以归纳为三种生态文明观：纯自然生态文明观、人与自然和谐统一生态文明观和广义生态文明观。

1.4.1 纯自然生态文明观

这是一种基于人与自然的自然性和谐的生态文明观，其内涵是，人类在改造客观世界的同时，又主动保护客观世界，积极改善和优化人与自然的关系，建设良好的生态环境所取得的物质与精神成果的总和。这种生态文明定位于人类保护与恢复自然以实现自然生态平衡的基础上，是以保护与恢复包括人类在内的自然生态系统的平衡、稳定与完整为奋斗目标的一切进步过程和积极成果。

1.4.2 人与自然和谐统一生态文明观

这是一种基于人与自然的自然性和谐与能动性和谐协调统一的生态文明观，其将生态文明概括为人类以实现人与自然的自然性和谐与能动性和谐的协调统一为目标的一切进步过程与积极成果。即生态文明的本质是人类保护与恢复自然和改造与变革自然的协调统一，是实现自然生态平衡与实现人类自身经济目标的协调统一，也就是“生产发展、生活富裕、生态良好”的协调统一。不难发现，这种生态文明直接揭示了当代自然生态危机的主要成因，即是人与自然的自然性和谐与能动性和谐之间，或者说是自然生态环境保护与经济发展之间出现了严重失调与对立；同时也给我们指明了解决危机的必然途径，即必须实现它们之间的协调统一，这种生态文明概念自身涵盖了纯自然生态文明观。

1.4.3 广义生态文明观

这是一种基于既是人与自然的和谐又是人与人的和谐的生态文明观，其实质是将人类社会系统纳入自然生态系统而构成的广义生态系统的和谐。广义生态文明观认为，生态文明的本质要求是实现人与自然和人与人的双重和谐，进而实现社会、经济与自然的可持续发展及人的自由全面发展，生态文明与物质文明、精神文明之间并不属于并列关系，生态文明的概括性与层次性更高、外延更宽。

显然，第一种生态文明观旨在解决纯生态危机，第二种生态文明观旨在解决“生态–经济”恶性循环，第三种生态文明观旨在解决广义的生态危机（自然生态系统危机和社会系统危机）。

作为指导人类社会发展的生态文明观，广义的内涵更具有现实价值，即：生态文明是在工业文明的背景下，以和谐发展观为指导，及时协调解决人类社会发展中的生态因子矛盾和社会因子矛盾，实现“人·地”共荣。

1.5 当代中国特色生态文明思想

习近平新时代中国特色社会主义思想提出了一套完整的生态文明思想体系，

是在吸纳了生态学人自观、中国传统生态思想、马克思、恩格斯人与自然关系思想、传统广义生态文明观科学基因的基础上，结合中国当代实践和百年大变局发展需要创立的理论体系，其核心理念是绿色和谐可持续发展，而发展战略、发展目标、发展路径、发展方案则构成了习近平生态文明思想的基本逻辑，生态文明建设是发展战略，建设美丽中国是发展目标，绿色发展方式是发展路径，“绿水青山就是金山银山”及山水林田湖草和谐发展是方案。

从习近平生态文明建设系列论述中，可以提炼出四大核心价值观：生态兴则文明兴、生态衰则文明衰，人与自然和谐共生的新生态自然观；“绿水青山就是金山银山”，保护环境就是保护生产力的新经济发展观；山水林田湖草是一个生命共同体的新系统观；环境就是民生，人民群众对美好生活的需求就是我们的奋斗目标的新民生政绩观。

习近平生态文明思想的三种理念：

1.5.1 “绿水青山就是金山银山”的理念

“绿水青山就是金山银山”的理念，是习近平生态文明思想中最雅俗共赏、深入人心的一个基本理念。早在浙江履职期间，习近平同志就多次说过，既要金山银山，又要绿水青山，并要求将“两山”作为一种发展理念。担任党和国家最高领导人之后，在历次有关生态文明建设的讲话（包括党的十九大报告）中，习近平总书记进一步全面阐发了“绿水青山就是金山银山”的理念。

“绿水青山就是金山银山”的理念，继承了天人合一的中华民族智慧和马克思人自哲学思想精髓，朴素地表达了生态学人自观基本原理，体现着人与自然和谐共生的本质内涵。绿水青山是“人的无机的身体”，只有留得绿水青山在，才能保护人类自身，破坏了绿水青山，最终会殃及人类自身；而只要坚持人与自然和谐共生，守望好绿水青山，才能永恒拥有绿水青山。“两山论”是生态学人与自然的同一性，人具有改造自然的能动性，却又受动于自然的哲学思想的中国化，又结合中国当代特点丰富了其内涵。

改革开放以来，从发展才是硬道理，到逐步认清了经济社会与生态环境之间复杂互动的三大发展阶段：从为了金山银山去改造和征服绿水青山，到既要金山银山又要绿水青山，再到“绿水青山就是金山银山”；从理念和逻辑上从保护环境的人与环境二元论，上升到把人、自然、社会作为生态整体的生态学思维，充分展现了理念的先进性、前瞻性和通俗易懂性。

1.5.2 尊重自然、顺应自然、保护自然的理念

保护自然早就是耳熟能详的话语，但将其与尊重自然、顺应自然融合为一个基本理念，最早出现在党的十八大报告。随后，习近平总书记在广东考察时再次重申“尊重自然、顺应自然、保护自然的生态文明理念”。在此后多次的讲话和贺信中，又反复强调和阐发了这一理念。党的十九大通过的新党章则明文规定，要“树立尊重自然、顺应自然、保护自然的生态文明理念”。

随着社会经济发展进入一个新的阶段，中国的发展面临着资源枯竭、环境污染、生态退化的严峻形势，要破解该瓶颈，就要实现工业文明向生态文明的转变，实现人与自然的和谐相处。为此，习近平总书记反复倡导树立和践行尊重自然、顺应自然、保护自然的理念。尊重自然，是人与自然相处应秉持的首要态度，它要求人对自然怀有敬畏之心、感恩之心、报恩之心，尊重自然界的存在及自我创造，绝不能凌驾在自然之上；顺应自然，是人与自然相处时应遵循的基本原则，它要求人顺应自然的客观规律，按照自然规律来推进经济社会发展；保护自然，是人与自然相处时应承担的重要责任，它要求人向自然界索取生存发展之需时，主动呵护自然、回报自然、保护生态系统。习近平总书记明确指出，人与自然是生命共同体，人类对大自然的伤害最终会伤及人类自身，这是无法抗拒的规律，人类只有遵循自然规律，才能有效防止在开发利用自然上走弯路。这些思想，既体现了与中国传统生态思想、马克思人自关系哲学思想及传统生态文明观的一脉相承的传承性，又赋予时代新内涵的创新性。

1.5.3 绿色发展、循环发展、低碳发展的理念

绿色发展理念已被纳入党的十八届五中全会确立的“五大发展理念”。党的十九大报告再次强调了绿色发展理念。

在习近平生态文明思想中，绿色发展、循环发展、低碳发展理念包括三个方面，但三者是交叉重叠、有机统一的，都要求转变发展观念，不以牺牲环境为代价换取一时的经济增长，不走“先污染后治理”的路子，遵循了广义生态文明

观的要求，把社会涵盖于生态文明五个体系之中，把生态文明建设融入经济、政治、文化和社会等各方面建设中，形成节约资源、保护环境的空间格局、产业结构、生产方式、生活方式，为子孙后代留下天蓝、地绿、水清的“三生”（生产、生活、生态）环境。其中，绿色发展理念侧重强调以效率、和谐、可持续为目标的发展方式，其要义是要处理好人与自然和谐共生的问题。

2 人与自然的关系

2.1 人与自然始终是互动关系

人与自然的关系是人类生存与发展的基本关系，人与自然始终处于一种相互作用的演替过程中。如果说生产力和生产关系、经济基础和上层建筑之间的矛盾是人类社会的基本矛盾，那么人与自然的关系就是人类生存发展的根本性矛盾。人类生存与大自然存在和运行是对立统一关系：人类生存与发展离不开自然资源的支持，自然界为人类提供阳光、空气、生态环境等生存条件和供人们加工的各种资源，但自然界并非“特意”做人类的资源无限供应者，而是按自身规律在运行，在受人类各种活动的影响时，也会给人类带来各类灾害。特别是人类违背自然规律时，自然界会毫不留情地给予“惩罚”。

在人与自然的相互作用过程中，人类通过多种方式影响自然，自然也在不同方面受到人的影响，同时又反过来影响人类活动。人类社会的组成因素与自然的组成因素相互作用和影响，形成了统一的系统。人与自然系统是以人为主体，以人的持续生存和发展为系统发展的标志。人与自然的相互作用关系是复杂的，各因素是相互关联的。人与自然的相互作用表现为人与资源、人与环境、人与粮食、人与灾害、发展与资源、发展与环境等多种形式，并集中反映在人口增长、资源短缺、生态破坏、环境污染、能源危机等问题上。

2.2 自然对人类的影响

自然界在漫长的演变过程中，创造了人，也改造了人。生命的起源、生物的进化、人类的出现，都是自然发展、演化的结果。从这个意义上说，自然环境适宜与否，是人类祖先得以生存的决定性因素。正是自然界数千万年前的变迁，给古猿向人的进化提供了有利的自然条件。考古资料也表明，人类起源地与自然环境有着重要的联系。例如，北京猿人所生活的环境相当于现在的热带、亚热带森林环境。现代科学研究证明，人体血液中60多种化学元素的含量与地壳中所含元素的丰度有明显的相关性。这说明自然通过化学元素与生命发生直接的联系，并影响生物进化的选择性。不仅如此，人类在漫长的栖息、进化过程中，由于各地自然条件的差异性，人对不同环境的适应逐渐形成了不同区域内人在肤色、面貌、形态等方面的显著特征，并随之产生了红、白、黄、黑的不同人种。人离不开自然，人类社会与一定的自然环境相联系，自然影响着人，人也在适应与改造自然。自然环境也是人类赖以生存的基本条件，为人类提供必需的自然资源和活动空间，在任何情况下，人都要受到自然的影响。

当然，自然为人类提供的条件是不均衡的，促使人类社会发展产生了不均衡性。地表自然资源分布的不平衡，生产条件及区位的差别，人类社会的发展产生的各种有利和不利的影响，均能加速或延续社会的发展。表现在：一是自然环境制约了人口的分布，并影响人口的迁移。地球表面提供给人类的空间并非都适合于居住，占地球表面70%以上的海洋、极地以及干旱的沙漠地带目前都不宜人类定居。非洲的尼罗河三角洲、西亚的幼发拉底与底格里斯两河流域及中国的黄河中下游地区，之所以成为古代文明的摇篮，显然与当时当地优越的自然环境有着密切的关系，而地球环境的变迁同样也是包括玛雅文明在内的古文明衰落的重要原因之一。自然环境及人工环境的变化也是人口迁移的重要原因之一。中国传统农业社会在几千年的发展过程中，人口重心从北方逐渐向南方迁移，南方良好的水热条件就对这种变迁起到了吸引作用；而进入现代社会，大量乡村人口向城市转移的人口城市化现象，更是世界范围的潮流，所以人工环境的变化也对人口变动产生重大影响。二是自然条件的差异直接影响劳动生产率，形成了生产的空间布局和区域的分工，同时也造成了地区发展的差距。自然条件的优劣，自然资源的丰歉，如气候的好坏、土壤的肥沃程度等，都直接影响劳动生产率。三是人对自然的依赖是发展变化的。自然环境对人类社会发展的影响，又因社会发展的不同阶段和水平而改变，其影响程度各不相同，人类也在不断改变对自然的依赖方式。远古时代，由于社会生产力水平低下，人利用自然的能力有限，这时人对自然的依赖是无条件的，人只能处于被动状态，主要依靠自然界可供采集的食物和捕猎的动物来满足自身的需要。进入农业社会，人类对环境的依赖主要是土地、气候和水利条件。随着生产力的不断发展，科学技术的进步，自然对人类社会的影响程度也就不断地发生变化。原有意义上人对自然的依赖被相对削弱了，而人对自然的依赖则主要建立在自然或生态的持续性的基础上，更加强调人与自然的相互协调。四是自然的变化一般是一个十分缓慢的过程，通常需要数百万年、数千万年甚至上亿年才能显现出来，相对于人类社会的发展，自然的演变是一个慢变量。在这种长尺度的时空范围内，自然只决定作为生命物种的人类的诞生、成熟与消亡的周期，但并不决定人类社会的发展问题。在一个中尺度的时空条件下，如地理、气候等条件对人类社会的活动起着重要的作用，有时甚至是决定性的作用。例如，资源禀赋与分布、内陆或沿海、平原或山地、热带或寒带将影响社会经济类型、生产和生活方式等。尽管随着生产力的发展，人类可以在一定程度上缓解自然的制约，但大规模的资源调配、消除戈壁与沙漠等自然阻隔和抵御剧烈的自然灾害皆非易事。何况从宇宙演变的尺度看，人类只是万物循环过程中的一个短暂插曲，终究无法摆脱自然规律的安排。

2.3 人类对自然的影响

在人与自然相互作用中，人是处于主动地位的，人受制于自然，同时又给自然以影响。尽管人的影响是有限的，受一定的时空条件制约，但在小尺度的时空范围内，自然条件是相对稳定的，人仍可以通过社会经济活动，不断提高自己的影响力和影响空间。随着人口的增长、生产力水平的提高和社会的进步，人类对自然的影响越来越深刻。人对自然施加的影响主要取决于两个因素：一是人类的需求，它决定人类的消费结构和生活方式；二是人类具备的手段，其中主要是技术手段和组织手段。技术是人与自然相互作用的中介，工具的使用使人与自然关系发生了本质的变化。它们决定了人类的生产结构和发展方式。而人类需求与手段的变化又都来源于人类社会的规模、结构、组织、观念、文化等复杂背景及其发展变化过程。

人类对自然的影响也基本上表现为两个方面：一方面是对自然施加积极的建设性影响，合理利用自然条件，并创造新的更适合人类生活的人工自然或人工生态系统，如造林绿化、生态修复、环境治理等；另一方面是对自然产生消极的破坏性影响，使原有的“自然平衡”失调。例如不合理利用自然资源造成的土地荒漠化、森林减少、水土流失、资源匮乏等生态破坏，以及由于大量废弃物排放造成的环境污染。

从自然的结构和功能变化的角度来分析，人类活动对于自然的影响，大致可概括为以下四种形式：

一是对地球表面结构的改变。

人类通过大规模的水土改良、开垦梯田、砍伐森林、城市建设、区域基础设施建设、人工水库的修建等活动，极大地改变了自然界的本来面貌。人类大面积地毁林开荒种植农作物，以满足不断增长的需求，但由于不合理地使用土地，造成水土流失、土地荒漠化，以农作物为主要特征的大片人工植被代替了原有的森林植被，这种影响从1万年前的农业革命开始以来，就一直没有停止过，并且不断加剧。乡村和城市的出现，代之以住房和基础设施等的大量建造，公路、铁路延伸到人迹可至的任何一个角落，如此规模的人工自然景观正逐渐改变地球表面的形态，形成新的地貌结构。

二是改变生物圈的成分，影响自然系统的物质流动。

这意味着人类通过开采矿产、开挖河道、向大气和水体中排放各种物质，改变了生物圈所含物质的平衡和循环。自工业革命以来，人类活动带来的物质的移动和改变成倍增长，由人类活动引起的物质变化与自然地质作用引起的变化已同样强烈。人类对于水的控制，通过水利工程和人工灌溉，改变了地表水文状况，影响到水分的循环与平衡。工业生产所排放的污水，也改变了水体的化学成分，产生新的化学变化，影响水的质量。化石燃料燃烧和废气排放，大气中的物质平衡被打破，大量二氧化碳的排放，使其在大气中的浓度增加，加剧“温室效应”，而硫氧化物、氮氧化物和碳氢化合物的排放，不仅改变了大气成分，形成大气污染，还导致酸沉降的出现，并进一步对土壤、作物、建筑物等造成影响。

三是对区域及全球的能量流动和平衡的影响。

人不可能根本上改变整个区域系统所输入的能量，因为除核能和地热能外，无论自然的还是人为的能源，绝大多数都来自太阳。但是，人类活动可以通过调整系统的内部状态，或控制系统内某个关键要素，改变能量流的方向和速率；同时，还可通过改变地表状态，例如砍伐森林、开垦农田、植树种草、修建水库、建设城市等，将现存的地表下垫面加以改造，于是反射率就会相应地变化，从而改变区域的能量收支平衡，产生如城市的“热岛效应”等现象。此外，生产和生活活动向大气中排放各种化学成分，尤其是二氧化碳、甲烷等气体可以吸收长波辐射，造成显著的“温室效应”，使全球变暖。

四是作为触发因素加快或减慢自然过程的速率。

当今社会，人类的活动日益扩大，诸如森林砍伐、草场过牧、农作耕种、工业采矿、道路建筑和城市建设都在加剧着土壤侵蚀，而城市化进程的加快也在使地表结构的变化越来越迅速。

人类必须正确认识灾害发生的必然性与偶然性、共性与个性，并尝试以积极的方式处理人与自然之间的关系。但这与体制生态自觉密切相关。联想到百年不遇的发生在2020年初的新冠肺炎疫情，从人与自然关系的角度分析，尽管瘟疫灾害的发生属于偶然，但其必然存在内在必然性。灾害就是自然现象和人类行为对人和动植物以及生存环境造成的一定规模的破坏，灾害通常指局部，但可以扩张和发展演变成灾难。瘟疫与自然灾害有密切联系，但又区别于自然灾害。灾害既是大自然的一种“发难”，又是客观世界自身矛盾运动的表现。纵观人类经历各种灾害的历史，人类的发展始终伴随着灾害的不断发生，灾害的必然性寓于偶然性之中，共性寓于个性之中。所以，疫情过后总结经验和教训，除了现代防治科技手段等人智的积极作用外，还应深刻剖析现代科技对自然环境的影响，对微生物、病毒不合理研究或利用带来的负面影响，才能真正寻找到从根本上解决矛盾的对策。

3 人类与环境的互适能力

3.1 早期人类以迁徙方式适应环境

早期人类认为自己生活在一个广阔无垠的大平原上，在人类居住地以外，总有未知的土地，人类在地球上生活了成千上万年，总还好像是一个土地发现者。也就是说，当人们生存地区的自然环境或社会结构出了问题，使人无法生存下去的时候，几乎总是天无绝人之路。原始时期，人类的生存在很大程度上依赖于周围的自然环境，很少能根据自己的意愿改造环境，即使如此，火的使用和人口数量的缓慢增长仍然产生了原始社会的环境问题。

火的使用是人类区别于动物的第一步。大约在100万年前，人类开始使用天然火来改变进食方式，烧熟的食物提高了食品的可消化性，减少了食物中毒危害，促进了原始人类的发展和人口数量的增长，普遍引起了原始部落人口数量增加，导致原有生存环境内的食物资源相对不足，引起饥荒。原始人类解决这一问题的方法是迁徙。当地球上人口密度很小时，迁徙是恢复环境活力的有效方式。但随着人口的进一步增加，高频率的迁徙就变得越来越没有价值，这就出现了人类历史上真正的第一次生态危机，从而迫使人类不得不寻找新的生存途径。

3.2 生产力水平提高极大提升了人类适应环境的能力

人类社会的发展演变从原始社会向现代社会过度离不开生产力水平的提高和变化。所谓的生产力包含了促进生产效率提高的技术和将技术转变为生产力的劳动力。

毫不夸张地说，生产力是促进社会变革发展的重要因素，也是人类适应环境、提高环境空间负载量的关键因素。

由低级向高级发展是人类社会发展的根本趋势，人类每一次历史性的技术突破总能够在原来的环境基础上找到新的、更加丰富的自然资源以及资源的开发途径，从而促进了人类社会经济的快速增长，最终引起社会进步和变革。人类社会总是这样螺旋式或呈波浪式地向前发展。人类与环境的关系也是这样，毕竟环境容量是有限度的，在原有技术条件下所开发和利用的资源会逐渐枯竭，以及人口增长和废弃物增加，会不断地增加环境的压力，最终在一定的技术条件下，人类自身发展超越了自然环境的承受能力而引发新的危机，这就迫使人类不得不寻找新的发展途径以减缓对环境的压力，最终使人类在更高层次上形成新的社会经济与自然生态环境相适应的和谐关系或称平衡关系。

原始工具的使用为人类解决第一次生态危机作出了巨大贡献。在数以万计的原始采集和捕猎过程中，人类逐渐认识到了原始的棍棒和石块在捕猎和采集野果时的作用，这些旧石器时代工具的使用增加了人类获取食物的方式，从而使人类的食物来源增多了，这时人类不仅可采集到人类自身无法到达的高处的果实，同时可捕获到较大的和行动较快捷的动物。由于大型动物捕获需要借助群体的力量，这就为部落联盟的形成提供了最基本的社会需求。人类历史第一次危机的解决是和人类文明孕育紧密联系在一起的历史过程。

随着工具的使用和采猎能力的不断增长，人类的食物供应有了进一步保障，从而促进了人类的交流和人口数量的进一步增长，大约在距今1万年前后，地球上人口数量已由100万年前的12.5万增加至500万人，旧的采猎方法已无法获得更多的食物，于是出现了人类历史上第二次生态危机。这次生态危机的解决得益于农业的诞生。

起源于距今1万年前的农业，开创了人类与环境关系的新纪元。从某种意义上说，农业的起源本身就是在环境的压力下，人类为了生存而主动利用环境的一种新的生活方式。因为在当时，传统的采猎经济生活方式已难以满足不断增长的食物需求，在这种情况下人类不可能不注意到动植物的生长发育，逐渐开始了野生动植物的驯化、饲养及种植，这就是农业的产生过程。

农业革命发生以后，以畜力和金属工具为代表的社会生产力有了较大发展，人类进入了农业社会，对于自然环境的作用力也开始加大。人类为了获取更多的粮食，会去开垦更多的耕地资源，利用自然环境中的水、土壤、气候、地形等资源，人类开始逐步改造自然。农业社会时期，人类在某些人口集聚的区域，改造自然的力度比较大，也产生了一定的环境问题，比如黄土高原形成了千沟万壑的黄土地貌，就和人类的长期作用有关系，但总体来说，人类的能力还十分弱小。

农业生产方式的进步一次又一次地帮助人类从环境危机中解脱出来，却又给环境带来了新的问题和新的危机。在农业诞生后的最初五千余年时间里，农业经营方式主要停留在游耕农业阶段，这时期人类不断地开垦新的土地并遗弃旧的土地，形成迁徙不定的游耕和进一步的游牧农业生活方式。随着医药和农业技术的不断进步，人口数量迅速增加，这时可供迁移的土地不断减少，不同部落和部落联盟之间土地资源的矛盾日趋尖锐。就是这种周期性的矛盾和冲突，推进着这人类社会的进步，而这个过程中伴随的是人类和环境的互相妥协和不断适应。

18世纪中叶始于英国的工业革命，极大地提高了人类的生产能力，机器和矿物燃料的大规模使用，使自然资源的开发利用达到了空前的规模，同时，人类也向自然排放了大量的废弃物。一方面，人类随着能力的增强妄图征服自然，另一方面，也使环境问题日益尖锐，自然环境对于人类的报复也愈演愈烈，环境恶化，公害事件频繁发生。

在发生了诸如伦敦烟雾事件、洛杉矶光化学烟雾事件、日本水俣病事件等众多环境污染公害事件后，人们痛定思痛，对于人地关系有了更为深刻的理解和思考。在20世纪80年代之后，谋求人地协调发展，逐渐成为人地关系思想的主流，可持续发展论由此应运而生。所谓可持续发展就是“既满足当代人的需要，又不对后代人满足其自身需求的能力构成危害的发展”，是人类发展的必由之路。

在一定条件下，科学技术进步是解决生态环境危机的根本出路。科学技术是第一生产力，是人类社会发展的动力源泉，也是实现人类与环境和睦相处的根本手段。纵观人类历史发展过程，每一次生态环境危机发生后，人类总是能够找到新的更加科学的资源利用方式摆脱危机，战胜自我。曹世雄等学者总结出几点感悟：首先，科学进步和新技术发明，不断地找到新的生存环境和新的生存方式，从而缓和了危机时期人类与自然生态环境之间的矛盾，扩大了自然生态环境的容量，使人类得以进步和发展；其次，科学技术进步不断地改变着人与自然的关系，使人类不仅具备了更好地适应生态环境的能力，同时也使人类更加科学地改变了周围环境，以适应人类自身的发展要求，人类改变周围环境的科学与否，是人类与环境能否和睦相处的关键；第三，从区域文明进程来看，并不是所有的人群都能找到度过危机的办法，这是历史上许多区域文明消失的根本原因，因此，盲目自信和消极处世都不利于生态环境问题的解决，居安思危，临危不乱，才是解决人类与自然生态环境关系的基本方略；第四，我们目前所处的生态危机与前三次危机有着较大的区别，要一下子找到世界上几十亿人口的新的生存空间是根本不可能的，因此，最合理的途径是探寻保护和建设生态环境的科学思想和科学方法，寻找无限发展的人类社会与有限的自然环境和睦相处的科学途径，不断地恢复和改善退化的自然生态环境，使人类重新回到与自然环境和睦共处的轨道上来。

但科技进步不是万能的，如在单一农耕、以农立国的旧中国，科技进步、生产力水平提升却导致土地资源潜力被更快地挖掘，尽管对粮食生产和满足日益增加的人口粮食供应问题是积极的，但对生态却是负面的，直接导致土地荒漠化进程和生态退化加快，科技反而成了破坏生态环境的“刽子手”。

3.3 生态危机是推动人类社会进步的互适方式

生态环境危机是人类社会发展的阶段性表现形式。首先，在人类历史的演变过程中，人类在每次科学技术进步的推动下发生社会变革时，都伴有生态环境危机的发生，人类的进步总是和自然生态环境存在着极其密切的关系。如火的使用第一次使人类开始区别于其他生物，开始了人类文明的初步探索，同时也带来了人类历史上的第一次生态危机；旧石器的使用，丰富了人类获取食物的方式，使人类最终顺利渡过第一次生态危机，同时也引起了第二次生态危机，新石器的磨制和农业的诞生，开辟了人类文明，也带来了人类历史上的第三次生态危机；金属的发现和广泛使用伴随着人类文明历史的整个过程，这也是第四次生态危机爆发的历史根源，目前人类正处于金属时代的最后时期，也是人类社会解决第四次生态危机的关键时期。其次，人类经济活动离不开自然生态环境而存在，在一定的技术条件下，环境的容量是有限的，当人类经济活动所带来的负效应超过了自然生态环境的承受能力或称环境容量时，就会引起自然生态环境的逆向演替，导致生态危机，问题是人类社会进步的脚步始终不会停止下来，这种自然生态环境容量的相对性（有限性）和人类社会发展的绝对性（无限性）之间的矛盾是生态危机发生的内在根源。第三，社会进步和技术创新不断地促进人类自身的发展，并通过新生婴儿成活率的提高和人类寿命的延长使地球上的人口数量成几何级数增长。与此同时，人类需求的质量也随着人类认识水平的提高而提高。这种“永无止境”的增长总是一次次地突破因人类技术进步所增加的环境容量，从而导致生态危机的发生。

环境总是相对于人类而言的自然实体和天然条件，可以说自从地球上有了人类，环境问题也就出现了。在迄今为止的人类历史过程中，人类同自然环境的关系经历了一个由简单到复杂的演替过程。环境造就和哺育了人类，人类的活动也在越来越大程度上改变并影响着环境。随着每一次人类社会发展质的飞跃，都从不同方面改变着人与环境的依存关系，使人类一次次地从与环境和谐相处到不和谐，再从不和谐到和谐发展。

4 理论创新和应用

4.1 区域宏观生态异变

宏观生态学是从生态学研究尺度上对群落生态、生态系统生态进行研究的生态学。

本书提出的区域宏观生态是指从一个区域、流域甚至跨流域的大尺度空间的生态行为，比宏观生态学更宏观，主要通过整体和趋势性的生态现象研究生态学人和自然的关系。

异变指发生生态性质变化的大变化，是趋势性改变，不是一地、一隅的局部或小变化。

马克思人自关系思想告诉我们人和自然本是一体的，凭借科学技术手段人类有改造自然的能动性、创造性，但人始终受动于自然，受动形式包括自然灾害、资源枯竭、环境恶化等。

构成和影响区域宏观生态的是人和自然，导致其生态异变的驱动力也是来自人和自然两个方面。一个区域的生态基底或本底一般是相对稳定的，自然因素导致异变只能是地壳造山运动、地震地裂、气候环流发生永久性变化等大的地球变化。

而“人”方面的变化则比较复杂。由于人类的社会化特点，随着阶级社会的出现，人类改造自然的方式更多表现于一种群体意志，群体的最高形式就是社会团体或国家统治者及体制，通俗说就是公权力。公权力表现的作用力是巨大的，对自然的影响是无法估量的，从区域宏观生态面来讲，负面的力量导致生态破坏，正面的力量促进生态改善，一旦形成趋势，影响是大范围、长周期的，结果就是区域宏观生态异变。

4.2　流域大气地面湿化耦合论

为研究区域宏观生态天地水汽循环，提出一个新论断：流域级大气水汽和地表湿润度耦合由上游向下游缓慢扩展（简称：流域大气地面湿化耦合论）。

4.2.1　成立的条件

大流域。从上游向下游高程差明显，这样在大气层会形成流域级的“烟囱”效应，大气驱动水汽从流域下游向上游流动。

整个流域植被覆盖相对均衡。这样一是有利于地表植被控制水分蒸发速度，缓减季节性蒸发差异太大，对干旱、半干旱地区尤为重要；二是确保流域上中下游均能产生相对稳定的蒸发效应，有利于水汽层的连续形成。

4.2.2　表现形式

蒸发水汽随大气层由下游向上游集中，上游空气中水汽超过饱和度后便形成上游降雨，并首先在上游形成湿润的环境。

在完成天地水汽完全循环之前，中下游因植被增加了水分吸收和蒸发，导致地表含水率下降甚至干化现象。

上游降水超过一定程度后便会改变地层水分结构，改善生境，逐步变得湿润。

这种天地环流形成良性循环后，随着时间轴的拉长，地表湿润线会缓慢下移，最终覆盖全流域，这也是生态环境改善追求的目标。

耦合水线缓慢从上游向中下游扩展的过程中，为确保湿润线以下地区的生态用水，开展适当的人工补水是很好的干预措施。

4.2.3　验证方法

在现状干湿分界线区域建立长期观测点，在一个较长时间轴观测分界线移动情况，如果分界线总体呈缓慢向下游偏移趋势，则可证明该论断成立。

第 2 篇

跨流域生态退化变迁史

该篇包括区域性生态环境退化千年迁移史、黄河流域梦碎于生态退化两部分。

◆黄河流域在历史上植被丰富。大约在距今4000～5000余年前，黄河流域谷物农业时代的开启进入土地深度利用时期，也宣告了黄河流域生态危机之门的开启。经济中心因生态恶化及土地承载能力不足而迁移，生态退化趋势随人口迁移实现跨流域转移，技术的进步一次又一次地把人类社会推向新的更高的发展阶段的同时也加速了生态退化的速度。

◆人口和农耕对植被破坏与生态环境恶化密切相关且互为因果。我国历史上生态环境破坏经历了单一农耕经济局面导致林草植被被大范围破坏、东南地区生态环境遭受严重破坏、明清时期人口迅速增加和迁徙导致长江中上游流域环境恶化的三个阶段。从公元前4200年至今，比较大的气候异常大概有10次。气候变化和农耕影响叠加推进了变化趋势的形成。

◆我国的自然条件并不理想，人均资源贫乏，人口分布极不均衡，这种环境培育了华夏民族的农耕基因，为粮食开垦森林、草地和湖荡成了不二选择。农耕和以农立国推动了黄河文明，科技进步和生产力水平提高，也成了荒漠化的帮凶。单一农耕思想是黄河流域生态趋势性退化的动力源。

5　区域性生态退化千年迁移史

5.1　历史上黄河流域生态环境

黄河，中国的第二大河，发源于青藏高原巴颜喀拉山北麓约古宗列盆地，蜿蜒东流，穿越黄土高原及黄淮海大平原，注入渤海，干流全长5464千米，水面落差4480米，流域总面积79.5万平方千米（含内流区面积4.2万平方千米）。

黄河呈“几”字形，自西向东分别流经青海、四川、甘肃、宁夏、内蒙古、陕西、山西、河南及山东9个省（自治区）。黄河中上游以山地为主，中下游以平原、丘陵为主，中途流经黄土高原。

黄河主要支流有白河、黑河、湟水、祖厉河、清水河、大黑河、窟野河、无定河、汾河、渭河、洛河、沁河、大汶河等，主要湖泊有扎陵湖、鄂陵湖、乌梁素海、东平湖。黄河干流上的峡谷共有30处，位于上游河段的有28处，位于中游河段的2处，下游河段流经华北平原，没有峡谷分布；干流峡谷段累计长1707千米，占干流全长的31.2%。

据地质演变历史的考证，黄河是一条相对年轻的河流。在距今115万年前的晚早更新世，流域内还只有一些互不连通的湖盆，各自形成独立的内陆水系；此后，随着西部高原的抬升，河流侵蚀、夺袭，历经105万年的中更新世，各湖盆间逐渐连通，构成黄河水系的雏形；到距今10万至1万年间的晚更新世，黄河才逐步演变成为从河源到入海口上下贯通的大河。

在春秋时期，黄河河水非常清澈。在距今3000年左右的春秋时期，是有文字记载中黄河生态环境的黄金期。当时的民歌——《诗经·魏风》中有关“河水清且涟猗”的诗句，描述了黄河两岸植被茂盛、水质清澈的情景。这一时期，黄河水质良好，水量充沛，河道深且稳定，中下游地区的大型湖泊和沼泽众多。

根据考古资料，黄河流域九省（自治区）在历史上都是植被丰富、生态怡人之地，如上游的青海、四川、甘肃、宁夏、内蒙古历史上均有丰富的森林资源。

在距今7000年左右的贵南县石器遗址中有木炭，距今6000年前的乐都遗址中有独木棺材，距今2795±115年间周厉王时代的诺木洪遗址中有车毂出现，这说明青海省在数千年前森林资源丰富且开始有森林资源的利用。据《后汉书·西羌传》载："河、湟间少五谷，多禽兽，以射猎为事。"明万历二十年（1592年）前后，西宁附近依然是树木葱葱。

据在安宁河上游冕宁发现的"古森林"研究证实，四川距今6000年前，是以云南铁杉、丽江铁杉、黄杉、云南松、华山松等针叶林，以及石栎、木荷、桦木等阔叶树组成的针阔叶混交林为主的森林。《史记·货殖列传》中有巴蜀地饶"竹木之器"的记载。晋代左思《蜀都赋》提到四川森林茂密，而且"夹江傍山"十分普遍。

甘肃历史上是个森林茂密、草原肥美、林牧发达的地方，森林面积约占全省面积的1/3，整个陇南、祁连山地、甘南大部和陇东、陇中的山地均被原始森林所覆盖。

宁夏古代是森林、灌丛、草原广覆的地区，特别是宁夏南部，更是森林茂密。2000多年前，六盘山一带是"其木多棕，其草多竹"。因森林多，植被好，人口又少，所以"山多林木，民以板为室屋"，沿袭久远而不衰。

据史料记载，内蒙古自治区东部的科尔沁沙地，在17世纪时还是草丰林茂的地方，当时的清政府曾在这里广设牧场，19世纪初在西北部山地尚有松林。据《归绥识略》记载，呼和浩特北百余里内产松柏林木。

代表仰韶文化的半坡遗址中出土了獐和竹鼠亚热带动物的骨骼。在河南安阳的殷墟中，出土了獐、竹鼠、貘、水牛、象等亚热带和热带的动物骨骼，河南古称"豫州"，"豫"字就是一个人牵着大象的标志。

公元前1059年武王伐纣，公元前1044年周朝建立。《诗经》中作于西周初年的诗多次出现"兕觥[sì gōng]"这种用犀牛角做的饮酒容器，《诗经·周南·卷耳》："我姑酌彼兕觥，维以不永伤"。《国风·豳[bīn]风·七月》："跻彼公堂，称彼兕觥，万寿无疆"。《孟子·滕文公下》记载："周公相武王诛纣，伐奄三年讨其君，驱飞廉于海隅而戮之，灭国者五十，驱虎、豹、犀、象而远之，天下大悦"，也可看出，西周初年中原地区还有犀、象这种热带动物。

5.2 流域性生态环境退化迁移史

5.2.1 谷物农业时代的开启进入土地深度利用时代

大约在距今4000～5000年前，我国黄河流域开始进入文明期，土地成为了最重要的生存资源，围绕土地的耕作和抢占构成了社会主要活动，大面积林地和草场耕地化导致的生态问题逐渐显现，也宣告了黄河流域生态危机之门的开启。

黄帝、炎帝、蚩尤三大部落联盟之间逐鹿中原的大规模战争正是这一时期因人口增加导致土地资源不足和生态环境危机不断加剧而引发的大规模冲突。而这次生态环境危机的最终解决得益于金属工具——特别是铁器的发明和普及，同时农田水利和施肥技术的成熟以及农牧分工引发的区域农业大分工，大大提高了土地生产效率，从而使黄河流域逐步摆脱了居无定所的生活方式，开始了定居生活的传统农业时代，即谷物农业时代。

5.2.2 经济中心因生态恶化及土地承载能力不足而迁移

人和自然之间相互作用，从和睦共处到生态危机的循环往复以及一次次生态危机的最终解决，都得益于人类改造和适应自然生态环境的技术进步，也正是这些技术进步，一次又一次地把人类社会推向新的更高的发展阶段，从而完成了人类社会由量变到质变的过程。

但是，环境容量和承载力是有极限的，依靠技术进步挖掘环境容量到临界点后，就会进入资源枯竭阶段。历史上的中国采取的是迁都和移民策略，迁到新的地方后又进入一个新的发展周期，直到下一次迁都。结果是，沿黄河上游到中游再到下游，最后进入长江流域，生态环境也随着政治文化中心的破坏一地再转移到另一地，形成几千年区域性退化迁移走向。

公元前740年，周平王东迁洛阳，预示着黄河上游的环境承载力逐步难以支撑当时政治经济中心区域的发展，开始沿黄河东移。秦汉一统，中心已至中原。汉末以后，天下分崩，从东吴开始，渐渐有了南北之争，长江流域开始登上历史舞台。

5.2.3 生态退化趋势随人口迁移实现跨流域转移

西晋八王之乱，而后中原分崩离析，北方大乱。从东晋开始，王室、士族、大批中原人纷纷南渡，给长江中下游南方一带带去中原先进思想、文化和技术，一直延续到南朝萧梁时期。

南方政权不仅政治上扮演越来越重的角色，在经济上也进入快速发展周期。南方经济是从隋朝修大运河和唐朝中期安史之乱后逐渐发展起来的，安史之乱造成北方人口大量死亡，而南方所受战乱之苦较少，也有很多大户纷纷南下，当时两京凋敝，北方一片荒凉，国家经济命脉主要依赖南方，例证为李愬雪夜入蔡州，打通了经济通道，这在需求上大大促进了南方经济发展。从中唐南方经济的重要性开始超过北方。

宋朝时，特别是南迁，不仅是又一次的北方大户豪族的南渡，而且更是中国经济、文化中心的一次南迁。南宋时，南方经济已超过北方，成了中国经济的重心，一直延续到明清。明清时江南税赋占尽天下多半，在近1000年的时期里，虽然北方是政治中心，但江南一直是经济和文化的中心。

需要特别指出的是，所谓南方主要是指沿长江中下游以南的地区，即从江陵（今武汉地区）以下至长江口一带，而不是全指长江以南地区，从东晋至晚清，再往南地区还不是经济文化繁荣地区，多数地区仍是落后甚至荒蛮之地。

从生态学的视角看，中国不同历史时期人口增长、人口迁移、各种类型的垦殖对生态环境的影响是巨大的。北宋以后，中国人口出现明显的长期上升趋势，人口压力导致农垦与山林垦伐的加剧，特别是到了清中叶生态环境严重恶化，已有超过自然资源承载力的迹象。

5.3 植被破坏与生态环境恶化密切相关且互为因果

人口迁移与生态环境互为因果。中国古代自东汉以来人口自发迁移的总趋势是由北向南。

古时候粮食产量低，要满足人口的增长，就要不断扩大种植面积。战国时期以来，铁农具的广泛使用以及秦国经济中心向关中迁移，黄河流域与黄土高原的植被开始遭到破坏。秦汉时期的屯田制度，把黄河中游的一部分牧区变为农耕区，砍伐森林、开垦草原更是加剧了水土流失。

在气候变化和人类活动的叠加影响下，黄河水流量逐渐减小，泥沙含量不断增加。“九曲黄河万里沙，浪淘风簸自天涯”，唐朝诗人刘禹锡的《浪淘沙》成为当时黄河水质的真实写照。数据显示，春秋时期，黄河含沙量约为10千克/立方米，到了明代中期，含沙量为28.3千克/立方米，可谓“一碗黄河水，半碗黄泥沙”。

唐朝以后，由于人类长期活动，北方生态系统日趋恶化，而南方还能保持生态平衡，农业生产优势相对增加，于是人口长期由北向南移动。两宋及明清时期南方人口大量增加，长江流域生态环境开始逐渐恶化，移民利益减少，风险增大，至清中叶这种人口的南北大迁移才大体停止下来。

5.4 区域性生态环境退化变迁的三个阶段

根据学者邹逸麟的研究成果，我国历史上区域性生态环境脆弱化、恶化的变迁史大概分为三个阶段。

5.4.1 第一阶段：单一农耕经济局面导致林草植被大范围破坏阶段

第一阶段标志性的事件，就是秦汉时期黄河中下游地区单一农耕经济局面的形成。这是黄河流域大规模破坏的开始。人们总喜欢讲，中国以农立国，创造了灿烂的农业文明。这当然一点也没错，但忽视了农业有广义和狭义两个概念。广义的农业，包括农、林、牧、副、渔，也就是综合性的农业，而狭义的农业，仅指农耕，就是种植各种粮食作物。商周以后，黄河中下游地区都是综合农业，有学者根据对甲骨文的研究，认为畜牧业在商周时代已经是一个很重要的产业。一直到春秋早期，中国的农业都不是单一农耕经济，而是多种经营的，这对环境的破坏程度相对比较轻。但到了春秋末期，这种情况就开始变化了。当时各国之间战争不断，需要劳动力，需要粮食，所以各国变法无不是大力发展农耕，这是当时各国变法的总趋势。秦国的商鞅变法，核心就是两个字：“耕战”。关中地区当时还存在很多荒地，商鞅就吸引韩、赵、魏等国的劳动力来耕种。到战国末期，秦国一跃而成为“战国七雄”中最富强的国家，最后吞并六国，关键就是农业经济的高速发展。

总之，从春秋后期到战国初期，黄河流域经历了一个生产方式的重大转变，从多种经营的综合农业，逐步向单一农耕经济发展。学术界一般认为，汉民族的形成大约是在秦汉时期，而汉民族的形成与农耕经济的发展有很大的关系。自汉朝以后，中国无论是统治阶级，还是普通民众，都有这样一种思想：农耕经济是生存的唯一方式。从汉武帝之后的史书上可以看到，每个皇帝上台都要"劝农"，强调农耕经济的重要性。老百姓也是一样，视"耕读世家"为最正派的人家，这是中国人意识中根深蒂固的观念。

由于单一农耕经济的确立，包括制度上和思想意识上的确立，黄河中下游的森林、草原至汉代已被破坏殆尽。黄河中下游地区属于黄河冲积平原，并不适宜大面积森林生长，本来原始森林就不多，仅有的这点森林，到了两汉中期，基本上已不复存在。《汉书·食货志》里就讲过，"田中不得有树，用妨五谷。"农田里如果有树，就会和农作物争夺土壤中的养分，所以必须把田中的树全部砍掉，甚至要连根拔掉。

秦汉时代，以黄河流域为中心的中原王朝力量强大，利用军事手段把原来边疆游牧民族的半耕半牧区都变成了农耕区，比如鄂尔多斯高原、河西走廊等地。这些地区属于半干旱区，本来就不适宜农耕，所以在汉人大规模进入之前，游牧民族在这些地区都是从事畜牧业。汉武帝发动了数次大规模的针对匈奴的战争，把北方游牧民族赶走，从内地移民数十万乃至上百万去开垦耕作。这些地区年降水量很少，像鄂尔多斯高原，平均一年的降水量只有100毫米左右。除了气候干燥，昼夜温差也很大。白天很热，晚上很冷，热胀冷缩的原理导致风化作用很厉害。一旦开垦，把土翻起来，很快就会沙化。所以西汉在河套地区、陕北、鄂尔多斯高原等地开垦的农耕区，到了东汉就基本荒废了。

20世纪70年代，北京大学的侯仁之教授搞沙漠考察，就在河套地区发现了三座两汉古城。现在那里完全是一片沙漠，根本无法通行，而两汉曾经在那里设置过三个县，足可以说明当时的居住环境应该不错，至少有可供开垦的农田，但到了东汉就完全废弃了。河西走廊也是不适宜农耕的，但是从西汉开始，河西走廊成为西北地区最重要的农耕区，以后历代王朝基本上都保持农耕状态。

从秦汉至隋唐，基本上把黄河中下游地区所有可开垦的土地都开垦完了，甚至连不该开垦的也开垦了。大家都说汉唐是中国历史上的鼎盛时期，汉唐时代确实是黄河流域历史上的黄金时期，但也不要忘记，它同时也是历史上对黄河流域环境破坏最严重的时期。非常明显，到了公元1000年以后，黄河流域的经济社会就衰退了，直到今天还是如此。公元1000年之前的那个千年，人类对黄河流域的索取和开发太过度了，汉唐繁华完全是以牺牲黄河流域的生态环境为代价的。

现代的西安，是个严重缺水的城市，风沙又大。但汉唐时代，关中地区却是全国风景最好的地区，湖泊密布，河流众多。“三月三日天气新，长安水边多丽人”，这是唐代大诗人杜甫《丽人行》里描绘的长安风景，但是这种风景早已不复存在。太原更不用说了，流经太原城的汾河是历史上非常著名的河流，在古代是可以通航的，但现在如果没有建拦水坝汾河大桥下根本就没有多少水。

5.4.2　第二阶段：东南地区生态环境遭受严重破坏阶段

大约从4世纪到15世纪，中国历史上发生了三次大规模的北方人口南迁。第一次是西晋末年的永嘉之乱；第二次是唐代中期的安史之乱，一直持续到唐末；第三次是两宋之际的靖康之乱。

根据人口专家的推测，第一次永嘉之乱的移民，约为90万；第二次持续时间较长，大概是650万；第三次靖康之乱则约为1000万。

第一次人口大迁徙后，东晋和南朝的总人口分别是1800万和2100万。这些人口当然主要是指国家控制的户口，必然会有藏匿、遗漏的，但不管怎么说，相对于北方黄河流域，南方人口还是比较少的。所以当时长江流域、珠江流域的生态环境相当好。南方的世家大族都有很大的庄园，共同的特点就是“围而不垦”，庄园里有山有水，作为游玩赋诗的场所，不是作为农田开垦的。这说明当时的人地矛盾并不尖锐。

但是唐宋时期，情况就变了。安史之乱及靖康之乱后的两次人口南迁，数量数倍于前，南方人多地少的矛盾就变得十分突出。北宋苏轼便说：“吴、蜀有可耕之人，而无其地。”有耕种的劳动力，但却没有可供耕种的土地了。平原都开垦完了，便开始开垦湖滩和山地。

宋代南方比较典型的一种农田叫作“圩田”，就是在水中间稍微高出来的一点湖滩地的周围筑圩，涝则排水，旱则放水。当时皖南、浙北、苏南大兴围湖造田之风。宋朝以前，南方有很多著名的湖泊，比如绍兴的鉴湖，是东汉时期修建的大型水利工程，可灌田900余倾（合今约4700公顷），对宁绍平原的农业大有裨益，但是到了北宋政和年间已全部垦湖为田了。镇江的练湖、宁波的广德湖、上虞的夏盖湖、余姚的汝仇湖，都是在两宋时期消失的。

南方的传统粮食作物是水稻，而北方移民爱吃面食，于是南方也开始大面积种植小麦。由于北方移民特殊的政治和经济地位，政府采取各种措施鼓励小麦种植。比如秋天的水稻收税，夏天的小麦就不收税。小麦对水分的要求不高，在政府的鼓励下，丘陵、山地都被开垦出来种植小麦。这是统治阶层影响社会行为方式的典型案例，也是体制生态自觉与否对生态环境影响力超过一般群体行为力的真实写照。

山区的梯田，最早是在北宋时期的江西、福建等地出现的，那里平原少、山地多，为了解决人多地少的矛盾，只有将丘陵、山地都劈为梯田，这就造成了非常严重的水土流失。两宋以后，东南地区灾害就越来越频繁。

当时朝野各方也注意到了这个问题，围湖造田和反对围湖，开发山地和禁止开发山地之间的争论非常激烈，但实际问题是，如果不围湖造田、不开发山地，这么多人的吃饭问题不能解决。所以，尽管政府不断颁布禁令，但由于日益增加的人口压力，禁令成为一纸空文。总之，宋朝以后长江中下游地区环境的破坏相当严重，湖泊缩小，山林被毁，水土流失严重，这是中国环境变迁的第二个阶段。

5.4.3 第三阶段：明清人口迅速增加和迁徙导致长江中上游环境恶化

由于16世纪中叶美洲耐寒、旱、瘠作物玉米、番薯、马铃薯等的传入，使灾害之年死亡率降低，人口迅速增长。17世纪初中国人口约有1.5亿，至18世纪中叶达到了3亿。人口的大幅度增加，而耕地却没有增加，再加上土地兼并、赋役繁重等原因，大批失去土地的农民离乡背井形成一股流民浪潮，是当时全国性的社会问题。

流民主要趋向是进入南方山区，成为棚民，从事伐木、造纸、烧炭等营生，北部的秦岭、大巴，南方的浙西、闽西、赣南、湘西等山区大批原始森林被毁，引起长江各支流上游的水土流失严重，加速沿江河道和湖泊的淤积变浅，成滩与长洲相继被垦成田。以两湖地区为例，明清以前两湖地区人口稀少，荒地多，农业不甚发达。入明以后大量移民进入湖广，移民主要来自江西，有所谓“江西填湖广”之说，移民首先进入江汉——洞庭平原，在洞庭平原大量兴建垸田，改造湖区，变湖荒为湖田，使元末以来人口稀少的地区，一下子成为生齿日繁的经济繁荣区。清代还向荆江、汉江大堤外洲滩进发，荆江“九穴十三口”和汉江“九口”的消失，改变了河湖的关系，“往日受水之区，多为今日筑围之所”，清代后期荆江四口分流格局形成，使华容、安乡、汉寿、武陵交界湖区淤出大片洲滩，两湖人大批进入围垦，垸田扩大，两湖地区成为全国经济发达区和商品粮生产基地，养活了数千万人口。

清乾隆年间湖北江汉两岸，“百姓生齿日繁，圩垸日多，凡蓄水之地，尽成田庐。”清代前期（顺治至嘉庆）洞庭湖区10个县有大小垸田544个，共有湖田8.13万余公顷（122万余亩），对湖区的稻米生产起了重大的推动作用。

当长江三角洲地区因种植棉花而耕地减少的情况下，两湖地区成为全国粮食输出大省，明中叶开始即出现了“湖广熟，天下足”之谚，清代“湖广为天下第一出米之区”，每年平均出境大米在600万石（合今3万千克）以上，最高时可达1000万石（合今5万千克）。但其后果则是江汉穴口堵塞、河汊消失、湖泊数量减少、湖面缩小和水灾频发。1644～1820年，湖北共发生各种自然灾害129次，其中水灾83次，占64.3%；湖南共发生各种自然灾害92次，其中水灾60次，占65.2%。所造成的损失也很大，所谓“纵积十年丰收之利，不敌一年溃溢之害。”清代乾隆年间湖北巡抚彭树葵就指出：“人与水争地为利，水必与人争地为殃”。

5.5 气候变化和农耕影响叠加推进了变化趋势的形成

1972年，竺可桢写了一篇题为《中国近五千年气候变迁的初步研究》的论文，结合挪威冰川学家画出的一万年雪线图和丹麦学者对格陵兰岛冰芯研究得出的1700年以来格陵兰岛气温图，根据中国的考古发现和物候资料，指出中国5000年历史气候可以分为4次暖期和4次寒冷期。

2004年12月《科学通报》上发表了一篇名为《气候变化与中国的战争、社会动乱和朝代变迁》的文章，文章中引述国外科学家根据树木年轮、湖泊钻孔、冰芯、珊瑚和历史文献得出的近1150年北半球气温变动曲线，将公元850～1911年划分成16个气候期，分为8个寒冷期和8个温暖期，结合中国战争记录，得出了寒冷期战争频率较高的结论。从公元850年起，8个寒冷期有7个导致朝代更替及国家大动乱。

古代社会经济依赖农业和畜牧业，气候变化也会引起农产品产量的变化，除了影响王朝税收和人口，主要还是影响粮食收成，在靠天吃饭的古代，土地生产效率降低和日益增加的人口形成尖锐矛盾，积累到一定程度就会爆发战争。

从公元前2200年至今，比较大的气候异常大概有10次。

5.5.1 “4.2千年事件”

大约距今4221年前，即公元前2200年，发生了一次全新世气候变冷事件，古气候学称之为“4.2千年事件”。此次变冷事件是全球性的，持续了整个公元前22世纪，导致山东地区龙山文化南移，龙山文化原地被较为粗糙的岳石文化取代。

“4.2千年事件”结束之后，大约在公元前2100年至公元前2050年，全球气候变暖，冰川消融，引发了黄河中下游的大洪水。根据考古资料，二里头文化一期最早开始年代是公元前2080年左右，这个时间差不多是传说中的夏朝开始成型的时候，有研究人员认为夏朝的形成原因可能就是治理这次变暖后大洪水引发的对人力物力的组织管理。

5.5.2 夏商换代期

大约公元前1600年夏商换代。《竹书纪年》记载，约在公元前1618年夏商更迭之时出现“黄色的青蛙、昏暗的调养、三个太阳、七月结霜和五谷凋零”的现象。《国语·周语》载：“伊洛竭而夏亡。”说明这个时期发生了河流枯竭的事。夏商换代时期发生了一些气候异常，但是整个夏商时期，气候其实是非常温暖的，有诸多文字记录和考古发现可以证明这个判断。

5.5.3 公元前900至公元前771年周朝寒冷期

公元前1059年武王伐纣，公元前1044年周朝建立。西周初年，气候还处在温暖期。大约从周昭王和穆王时期开始，气候开始变冷。根据《竹书纪年》记载，周孝王时汉水有两次结冰，分别发生在公元前903年和公元前897年，《竹书纪年》又提到结冰之后就发生了大旱。这次寒冷期持续了1～2个世纪，可能长时间的寒冷影响了经济，削弱了周室，周孝王后动乱不断，公元前841年周厉王时发生“国人暴动”，公元前810年前后短暂宣王中兴，公元前771年周幽王时犬戎陷镐京。

5.5.4 春秋时代温暖期

公元前770年，春秋时代开始后，气候又进入温暖期。这次温暖期持续时间很长，大约800年，一直到公元第一个世纪。这次温暖期是中国上古的辉煌时代，春秋争霸、战国七雄、先秦诸子、秦王扫六合、楚汉之争、秦皇汉武，这个时期中国历史璀璨绚丽，无数风流人物登上历史舞台，留下传世的文字、不朽的功业、动人的传说。这个时期华夏走出混沌，出现了第一个中央集权的大一统王朝——秦朝，也在汉代形成了汉民族国家的观念。

5.5.5 公元初年寒冷期

公元初年到公元600年是一个长达600年的寒冷期，这个寒冷期大约开始于公元初年，终结于隋朝初期。这个寒冷期包括三国、魏晋十六国、南北朝时期，是一个大乱世。王莽执政和两汉迭代时期处于温暖期向寒冷期过渡的较寒冷期（公元前30年至公元30年），值得一提的是，东汉处在这个大寒冷期的一个较温暖期，这个温暖期大约是公元30～180年。180年以后气候开始变冷，184年，黄巾起义爆发，拉开了大乱世的序幕。200年官渡之战，208年赤壁之战，220年三国开端。

大约在4世纪初，中国气候来到了一个极寒期，这时西晋统一中国不久。游牧民族的内迁从东汉气候变冷后就开始了，只是酿成的永嘉之乱（311年）恰巧在这个西晋极寒期。在公元500年左右又变得极其寒冷，公元493年北魏迁都洛阳。

6世纪末的气候变暖，伴随着华夏的重新统一。这次统一，气候是一个促成因素。气候变暖使北方的人口、经济相比南方更有优势。有趣的是，隋的统一方式和秦国的统一有些相似，同样是先取得了蜀地，经过四五十年统一中国，甚至两次统一战争都用了10年左右。“前277年，秦国置蜀郡，前230年，秦灭韩，开始攻灭六国，前221年，秦灭齐，统一中国；554年，西魏取得梁州、益州，577年，北周灭北齐，统一北方，589年，隋灭南陈，统一中国。”隋唐统一时期，关陇地区重要性的提升和维持，可能和隋唐温暖期关陇地区的气候有很大关系。

5.5.6 600～1050年大温暖期

公元600～1050年是一个大温暖期，这个温暖期是中国历史上的隋、唐、五代、北宋。隋唐时期八水绕长安，柑橘在长安可以结果。这个中古时代温暖期持续了约500年，比上古时代800年的温暖期短，但同样是一个辉煌的历史时期。隋唐是封建王朝的顶峰，这个时代的文化璀璨夺目，也是个英雄辈出的时代。和上个温暖期一样，朝廷都经略西域，长安洛阳都很繁华，政制都有创新，文化都很繁荣。

5.5.7 1050～1200年寒冷期

北宋大观四年（1110年）十二月二十，泉州大雪。北宋政和元年（1111年），太湖全部结冰。1125年金灭辽，1127年金灭北宋。南宋淳熙五年（1178年），福州荔枝全部被冻死。值得注意的是，金灭辽、宋发生在气候骤寒的一个时期（1110～1152年）。

5.5.8 1200～1350年温暖期

1209年开始，蒙古各部统一后开始对外扩张。1234年蒙古联宋灭金，1227年蒙古灭西夏，1278年元灭南宋，1368年明灭元。从1127年靖康之变到1368年明灭元，中国北方被游牧民族统治了两百余年，比永嘉之乱后的大乱世稍微短一点。

5.5.9 1350～1900年寒冷期

即广义的小冰期，也叫明清小冰期。根据竺可桢的划分，这次小冰期里面比较温暖的时期有1550～1600年和1770～1830年，比较寒冷的时期有1470～1520年、1620～1720年和1840～1890年。其中有一个最寒冷时期是1650～1700年，期间汉水5次结冰，太湖与淮河4次结冰，洞庭湖3次结冰，鄱阳湖于康熙九年（1670年）也结了冰。

长时间的寒冷会影响农耕社会的经济，导致税收减少，进而削弱王朝的权力。1350年前后爆发了元末农民起义（1351～1367），1351年红巾军起义爆发，1352年朱元璋参加红巾军，1368年明军陷大都。1627年陕西澄城饥民暴动，明末民变开始，1644年李自成陷北京城，这17年处于1620～1720的较寒冷期。明亡和小冰期导致的饥荒有关，但饥荒肯定不是单一因素。

光绪三年（1877年），山西、陕西等地发生饥荒，死亡人数达1300万人，有人分析这是因为厄尔尼诺-南方涛动现象。

5.5.10　1900年至今温暖期

该时期初期至公元1949年也是社会动乱期，但总体上却是科技进步无与伦比的时代，也是生态逐步觉悟的时代，两者的叠加，才有了科技大幅提高生产力水平，科技改变生产方式，科技改变或限制环境变化因素，无不显得与古时期的巨大反差。

总而言之，尽管用单一的气候因素来解释社会稳定和动乱、生态环境区域性变化比较乏力，但是，在科技尚不发达时期，气候影响农耕和收成，粮食供应引起社会不稳定，战争和动乱导致森林草原植被破坏、环境恶化，进而形成恶性循环是肯定的。当这种影响叠加上人口增加及土地资源贫瘠化和供应不足时，必然会加快移民迁徙和生态恶化趋势的形成。

6　黄河流域梦碎于生态退化

6.1　环境背景

一般而言，一国一地环境形成的主要因素有三个：一是自然条件，二是人口载负量，三是生产配置和产业结构（生产力水平）。事实上，我国的自然条件并不理想，人均资源也比较贫乏，人口分布又极不均衡。我国陆地面积约960万平方千米，居世界第三位，约等于欧洲整体面积。虽然疆土辽阔，但在960万平方千米陆域上，西北干旱半干旱区和青藏高寒区占了全国陆地面积的55%，这些地区气候寒冷，降水量稀少，土壤或多沙化，或多冻土，人烟稀少，全部人口只占全国的5%左右；另外95%的人口居住在占全国陆地面积45%的东部季风区，这里又以秦岭、淮河一线为界分为南北两大部分，北部除黄土高原外大部为平原，然受季风影响，雨量分布极不均匀，全年降水多以暴雨形式集中在夏秋季节，诸多河流发源于黄土高原，暴雨来临时，洪水泥沙俱下，故多泛溢成灾；南部降雨丰沛，气候温湿，植被良好，却又是高山丘陵多，平原少，且同样因降水不均，引起水旱不时。

以黑龙江的黑河市和云南省腾冲县划一条直线，这就是胡焕庸线。胡焕庸线即中国地理学家胡焕庸（1901～1998年）在1935年提出的划分我国人口密度的对比线。

胡焕庸线不仅是人口界线，同时也是一条中国生态环境界线，从这条线基本可以看清中国陆域地理环境现状，是反映中国环境背景最有说服力的一张图。在胡焕庸线附近，滑坡、泥石流等地貌灾害分布集中；中段是包含黄土高原在内的重点产沙区，黄河的泥沙多源于此。

胡焕庸线是我国适宜人类生存地区的界线，其两侧还是农牧交错带和众多江河的水源地，是玉米种植带的西北边界。同时，中国的贫困县主要分布在胡焕庸线两侧。

胡焕庸线与400毫米等降水量线重合，线东南方以平原、水网、丘陵、喀斯特和丹霞地貌为主，自古以农耕为经济基础；线西北方人口密度极低，是草原、沙漠和雪域高原的世界，自古是游牧民族的天下。“400毫米等降水量线”是半湿润区、半干旱区的界线，是反映荒漠化最敏感的指示器之一。

数千年来我国人民为求生存和发展所处的地理背景：一是人口众多而又分布不均；二是耕地不足，高产稳产的耕地更少；三是自然环境脆弱，各种自然灾害频发，生产的社会财富往往为灾害所消耗。

有史以来我国人口数量虽然不断在增加，但分布的基本格局没有明显的变化。从公元前后相当于汉朝时期的0.5亿人，到19世纪下半叶我国人口增至4.5亿，95%始终分布在胡焕庸线以东的东部季风区。

新中国成立后，经济发展，人口增加。1994年我国人口已达12亿，20世纪末普查为13亿多，2020年1月17日国家统计局发布数据显示，2019年末中国大陆总人口14亿，但分布格局基本未变。2000多年来，人口成倍地增长，而可耕地却因城市建设、工业发展、交通开辟等原因在不断地缩小。东部季风区的自然条件虽然远胜于西北干旱区和青藏高原区，但由于降水年际季节变化大，旱涝灾害时有发生，可以说历史上是无年不灾，再加上山地丘陵多，平原少，人口密集等因素，使我国人民为求温饱，要比自然条件好的国家付出更多的努力。进入21世纪时我国耕地面积1亿公顷（15亿亩），只占全部国土面积的11%，草地、草山、草坡约占国土面积的34%，森林约占国土面积13%，而沙漠、荒漠、寒漠、戈壁、石骨裸露山地、永久积雪和冰川等完全不能农牧的土地却有2亿公顷（30亿亩），占国土面积的22%。在古代，耕地当远较今日为少，而森林草地面积当远较今日为多，但人口则从公元初的0.5亿，发展到今天的14 亿，在农业技术没有质的突破以前，要供应这么多人口的粮食，开垦森林、草地和湖荡成了唯一选择。

由此可见，我们的祖先为了求生存、谋发展，处在很不占优势的地理背景条件之下，有时甚至处于两难的境地，生存是第一位的。为了生存，我国历史上总是被人口、土地、生产力几个要素牵引着迁徙和朝代更替。现在我们往往很自豪地说，我国耕地只占世界总耕地13.73亿公顷的7%，却养活着世界22%的人口，是个了不起的奇迹，但也要承认这对亿万农民来说，无疑是一种十分沉重而又悲壮的负担。

6.2 环境培育了华夏先民的农耕基因

我国自古以农立国，这个发展历程其实质是自然环境条件决定的，是人类与环境博弈的结果。为了说清楚这个问题，还是以最有代表性的黄河流域历史演变来说明。

从华夏政治经济中心迁移轨迹看，基本沿着黄河流域向长江流域缓慢迁移。华夏文明从甘肃天水发起，考古发现的上白幅“阿斯塔纳伏羲女娲图”展示的华夏民族人文先祖就是伏羲和女娲。华夏图腾中的人文先祖伏羲和女娲在天水。中国“四大石窟”在甘肃就占两窟——敦煌石窟和麦积山石窟。

远古时期，黄河中下游地区气候温和，降水量充沛，适宜于原始人类生存。黄土高原和黄河冲积平原土质疏松，易于垦殖，适于原始农牧业的发展。黄土的特性，利于先民们挖洞聚居。特殊的自然地理环境，为我国古代文明的发育提供了较好的条件。早在110万年前，“蓝田人”就在黄河流域生活。还有“大荔人”“丁村人”“河套人”等也在流域内生息繁衍。仰韶文化、马家窑文化、大汶口文化、龙山文化等大量古文化遗址遍布大河上下。这些古文化遗迹不仅数量多、类型全，而且是由远至近延续发展的，系统地展现了中国远古文明的发展过程。

早在6000多年前，流域内已开始出现农事活动。大约在4000多年前流域内形成了一些血缘氏族部落，其中以炎帝、黄帝两大部族最强大。后来，黄帝取得盟主地位，并融合其他部族，形成“华夏族”。后人把黄帝奉为中华民族的祖先，在黄帝出生地河南省新郑市有黄帝宫，在陕西省黄陵县有黄帝陵，世界各地的炎黄子孙，都把黄河流域认作中华民族的摇篮，称黄河为“母亲河”，为“四渎之宗”，视黄土地为自己的“根”。

6.3 农耕和以农立国推动了黄河文明

从公元前21世纪夏朝开始，迄今4000多年的历史时期中，历代王朝在黄河流域建都的时间延绵3000多年。中国历史上的“七大古都”，在黄河流域和近邻地区的有安阳、西安、洛阳、开封四座。殷都（当时属黄河流域）遗存的大量甲骨文，开创了中国文字记载的先河。西安（含咸阳），自西周、秦、汉至隋、唐，先后有13个朝代在此建都，历史长达千年，是有名的“八水帝王都”。

东周迁都洛阳以后，东汉、魏、隋、唐、后梁、后周等朝代都曾在洛阳建都，历时也有900多年，被誉为“九朝古都”。位于黄河南岸的开封，古称汴梁，春秋时代魏惠王迁都大梁，北宋又在此建都，先后历时200多年。

在相当长的历史时期，中国的政治、经济、文化中心一直在黄河流域。黄河中下游地区是全国科学技术和文学艺术发展最早的地区。公元前2000年左右，流域内已出现青铜器，到商代青铜冶炼技术已达到相当高的水平，同时开始出现铁器冶炼，标志着生产力发展到一个新的阶段。在洛阳出土的经过系列处理的铁锛、铁斧，表明中国开发铸铁柔化技术的时间要比欧洲各国早2000多年。中国古代的“四大发明”——造纸、活字印刷、指南针、火药，都产生在黄河流域。从诗经到唐诗、宋词等大量文学经典以及大量的文化典籍，也都产生在这里。北宋以后，全国的经济重心逐渐向南方转移，但是在中国政治、经济、文化发展的进程中，黄河流域及黄河下游平原地区仍处于重要地位。

6.4 单一农耕思想是黄河流域生态破坏的驱动力

大致从战国中期至西汉中期，黄河中下游地区从农主牧副兼营林渔的经济格局，转变为单一农耕经济格局。这种局面奠定后，农耕成为社会稳定的唯一产业的观念在人们思想里根深蒂固。当由于战争、饥荒、灾害、人口等因素引起社会动荡时，单一农耕经济思想就在人们头脑里占主导地位。

千百年来一直为中国人民所称颂的汉武盛世，北逐匈奴，将今天内蒙古河套地区和鄂尔多斯高原以及陕北高原、河西走廊等数十万平方千米土地，从匈奴控制下解脱出来，将汉王朝的疆土，北拓至阴山，西扩至玉门关，从而保护了原有的农耕地免受匈奴的侵扰，使华夏文明得以延续，其功固不可没。但是为了保卫这一胜利果实，不得不移民百万，设置50余县，在阴山、河套以南包括鄂尔多斯高原进行屯垦戍边，将数十万平方千米原先畜牧游猎的干旱区开辟成农耕区，砍伐森林，铲除草被，使原来茫茫广漠的森林草原变为阡陌相连、村落相望的农耕区，被誉为“新秦中”，意即新的关中地区。鄂尔多斯的环境本来就十分脆弱，气候干旱，土壤沙质，植被稀少，多风暴，当地表一经开垦，无植被保护，随即水土流失，遇风起沙。从近年来在内蒙古乌兰布和沙漠考古发现的西汉古城和屯垦遗址，说明西汉以后，这里即被遗弃，未曾再次开垦，证明环境恶化已不可逆转。

东汉以后，虽一段时间畜牧业又为当地主要产业，但被破坏的环境已难以恢复，迟至公元6世纪，库布齐沙漠和毛乌素沙地已经出现。隋唐时代继秦汉以后又一次在鄂尔多斯高原上兴起农垦高潮，原先沙地再次被扩大。汉唐是封建文明鼎盛时期，久为我国人民所称道，其经济背景是黄河流域大规模农业开发，天然植被全为人工植被所替代。在当时生产力条件下，可开发的水土资源开发殆尽。因此到了公元10世纪的宋代以后，黄河流域环境恶化趋势已不可逆转，留给子孙的是黄土高原上沟壑纵横，水土流失，黄河含沙量与日俱增，下游泛滥决口连年不断，土壤沙碱化，农田被淹，城镇被毁，东部平原河流湖泊淤浅湮废，农业生产力低下，人民贫困，昔日黄河流域的辉煌业绩最终成了梦痕。

自西汉武帝以后，黄河下游平原的原始森林、草地已全部采伐、开垦殆尽，连河湖滩地也都辟为耕地，西汉中期“内郡人众，水泉荐草，不能相赡，地势温湿，不宜牛马；民跖耒而耕，负檐而行，劳罢而寡功。”由于缺乏畜力，生产力难以提高，同时因粮食紧张，“六畜不育于家”（《盐铁论·未通》）。于是单一农耕成为黄河中下游地区唯一生产方式。在这种农耕经济思想指导下，不断无序地开垦一切可耕土地，并且大兴水利以维持农业的高产，引起环境和产业结构的变化。以后魏晋南北朝时期，虽因游牧民族的进入，单一农耕经济有所变化，但汉化是当时各民族政权的共同倾向，加强农耕经济成为政权能否站住脚的关键。所以当政权稳定以后，首要任务仍然是扩大农耕地。隋和唐代前期，黄河下游平原是全国粮食主要基地，也是水利事业最兴旺的地区。汉唐是我国封建社会鼎盛时期，黄河流域是当时人口最集中，经济、政治、文化最发达、最辉煌的地区。这种鼎盛和辉煌就是建立在黄河中下游地区农耕地的不断扩大和向自然大量索取的基础之上。换言之，就是以环境的失衡为代价的。中唐以后，黄河流域长期处在战乱状态，人口逃亡，水利失修，加上中游黄土高原的长期过度开发，引起水土流失加剧，下游河湖被淤被垦，最终引起环境的恶化。所以10世纪以后，黄河流域虽然在政局上处于和平环境之下，但河患日益严重的趋势已不可逆转，灌溉系统遭破坏难以修复，土壤沙碱化，水旱不时渐趋严重，整个生态环境不断恶化，造成经济逐渐衰落，以致近代成为我国灾害频发、经济贫困的地区。

从历史上看，毁林造田、围湖垦田，至少有一两千年的历史。历史上有识之士对毁林造田、围湖垦田的危害也曾多次呼吁过，政府也曾三令五申下过禁令，最后都成一纸空文。之所以这个宿疾始终不能治愈，就是因为像我国这样一个地域广大、人口众多、自然环境复杂的国家，我们的祖先为求生存走过一条与自然不断冲突和平衡的曲折、艰难之路。试想如果当年汉武帝拥有黄土高原后不推行农耕，而仍然发展畜牧业，恐怕难以守住这条国防线，最终华夏地区难逃匈奴铁骑的蹂躏。宋代以后南方人口的增加，如果不围湖造田，而是在湖荡发展水产业，能不能维持不断增加的人口恐怕另说。如此说来，今天看来非常不合理、牺牲环境的行为，在当时实为无可奈何的事。我国历史上固然有不少昏庸的帝王和黑暗的时代，但也不乏励精图治的君主和清明的时代，他们为了本阶级的利益也想将国家的经济搞上去，使人民过着较安定的生活，可以使他们的政权长治久安。但总是顾此失彼，发展的结果带来的是停滞，昌盛的代价是环境的恶化，繁荣以后是衰败，循环往复，难以跳出怪圈。究其原因，现在从人地关系这一层面考察，是不是可以说三四千年来问题的症结，还是我们今天同样最关心的：人口、资源和环境问题。虽当时确立的以农立国是一种不得已的选择，但对中华民族来说，这似乎是永恒的课题。

6.5　科技进步和生产力水平提高反而成了荒漠化的帮凶

一般来讲，科技进步是正能量，能够提高生产效率，推动社会向好的方向发展。但是，对于整体发展有偏向性，且以单一农耕立国的社会，科技进步提高了农业生产水平，结果却是加速了林草植被破坏的进程；农业设施化和水利工程兴起，生态用水被大规模挤占；土地生产潜力的迅速挖掘，又加快了国土容量空间耗用。这些因素的叠加，一种恶性循环的负能量在不断累积，为了生存，最终只能通过迁徙转移来获得新的生存空间。换个地方重新开始，进入新一轮周期。

今陕西省西安所在的关中平原在唐代以前是生态环境最好的地方，战国时沃野千里，蓄积丰饶，地势形便，此所谓天府，天下之雄国也。故早有“天府”“陆海”之誉。首先表现为气候温湿，“渭川千亩竹”是《史记·货殖列传》中的名句。其次是土壤肥力高，在《禹贡》九州土壤分级中，雍州黄壤肥力为上上，属九州土壤第一等。再次是水资源丰沛，所谓“八川绕长安”，八川即泾、渭、灞、丰、镐、浐、涝、潏，这些河流都有丰富的水资源，均有灌溉之利。

战国末年的郑国渠，汉代以来的漕渠、白渠、六辅渠、龙首渠、灵轵渠、成国渠、蒙笼渠等都引泾、渭河为水源，2000年前一方面大利农耕，形成了关中平原的灌溉网络，另一方面，大量的水资源用在了民生享乐。西汉的长安自然生态环境优越，加上人工修饰，自然成为天下最美之处。

但是，至唐代情形就不一样了，尽管长安八水依旧，但水资源已明显减弱。郑国渠初开时溉田4万余顷（合今20.88万余公顷），汉白渠溉田4500顷（合今2.35万公顷），到了唐初郑白两渠仅溉田万余顷，晚唐减少至6200余顷（合今3.24万余公顷），较汉时减少了80%多。

所以唐代关中帝王经常往洛阳就食，成了“逐粮天子”。但整个环境尚未完全破坏，曲江游赏，禊饮踏青，是长安人岁时习俗。

但自唐末五代以后，关中平原环境恶化的端倪已见。这是因为长期作为帝都，大修宫殿，渭南秦岭、渭北北山的大片森林被砍伐，上林苑等皇家苑囿因人口骤增、耕地不足而被辟为农田，水资源已被开发殆尽。

黄土高原自汉代以来农耕的开发，而使水土流失加剧，泾、渭等河泥沙量日增，河湖淤废。宋代以后，郑白渠因渠身淤高，灌溉作用已很小，其灌溉面积不及西汉1/20，无法与汉唐相比。明清时关中平原虽然仍为小麦主要产区，但其经济地位远不如前。

近几十年来，西安地区环境恶化以至于严重缺水，与当代人不合理行为有关。但从历史长河观之，实有数千年的渊源。

第3篇

逆风起帆
山河修复
在 行 动

该篇包括逆风起帆山河修复显成效、生态建设理念开放及与粗放发展压力并行、九八洪灾引发体制生态自觉　重大生态工程转乾坤、黄河流域翻开新篇章4章。

◆新中国初期四大水利工程是体制能办大事的优势在生态修复领域的开山之作。新中国成立前30年林业定位于为国民经济发展提供木材等林产品，但林业生态建设依然成效显著，净增森林面积约33万平方千米，为国家提供木材约40亿立方米。

◆改革开放为林业生态建设注入了新动力，制度建设、全民义务植树和“三北”防护林等大型生态工程的上马，标志着以木材生产为主的林业工作重心转变到以生态建设为主，生态和产业双翼发展的新阶段。

◆1998年特大洪灾是中国生态史的大拐点，标志着一个全新历程的开始，触发了体制潜能的喷发，相继启动和强化了一系列大型生态重点工程。本研究发现其处于中国区域环境退化趋势线逆转的转折点。

◆黄河流域是我国重要生态屏障。治理黄河，兴修水利，历史悠久，但受社会经济条件制约，始终难有建树。新中国体系化治理黄河取得显著成效，党的十八大后开启黄河流域山水林田湖草沙高质量综合治理模式。

7　逆风起帆山河修复显成效

7.1　整治河湖湿地，全面实施生态修复工程

新中国成立初期，山河破碎、经济凋敝、百废待兴。积极开展工业化和发展经济，把国民经济引入正轨，是首要任务。在全球环境保护运动尚未规模兴起的20世纪50年代，开启了被誉为新中国初期四大水利工程的治理海河工程、荆江分洪工程、官厅水库工程和治理黄河工程。

水利建设是治理灾害、整治国土、修复湿地生境、解决粮食自给、恢复和发展国民经济的重要基础。新中国成立之初，水利基础十分薄弱，水旱灾害频繁。治理江河，建设渠道、水库，"有计划、有步骤地恢复并发展防洪、灌溉、排水、放淤、水力、疏浚河流、兴修运河等水利事业"，成为十分重大而紧迫的任务。国家投入了大量的人力、物力和财力，在治河治海治水方面取得重大突破，成效十分显著。根据中国农业和水利部门的统计：1950～1976年，全国主要通过人民义务劳动为新中国建设大型水库308座、中型水库2127座、小型水库83200座，总计85635座。此外，还有长江、黄河、淮河、海河、珠江等国内大江大河的河堤修缮工作，基本把全国自然的江河、湿地都修整了一遍。几个典型水环境生态修复治理工程如下：

7.1.1　治理淮河

1950年夏天，淮河流域发生特大洪涝灾害，导致河南、安徽1300多万人受灾，数百万公顷土地被淹，人民群众遭受生命财产巨大损失。毛泽东同志在听取汇报后当即批示："除目前防救外，须考虑根治办法，现在开始准备，秋起即组织大规模导淮工程，期以一年完成导淮，免去明年水患。"是年10月14日，政务院发布了《关于治理淮河的决定》，拉开了新中国第一个大型水利工程建设序幕；11月15日，《人民日报》发表《为根治淮河而斗争》的社论，指出淮河水灾是一个历史性的灾害，要为完成伟大的治淮任务而斗争。1951年5月，毛泽东同志题词："一定要把淮河修好"。

7.1.2 武汉战胜1954年洪水

在治理淮河的同时，从“须考虑根治办法”入手，1950年10月，周恩来同志主持召开政务院会议研究荆江防洪工事。此后，在毛泽东同志和周恩来同志的持续推动下，1952年4月，荆江分洪工程全面开工，仅75天就完工。1954年7～8月，长江出现了有水文记录以来历史上最大的洪水。实践证明，荆江防洪工事有效抵御住了这场特大洪水。毛泽东同志题词说：“庆祝武汉人民战胜了一九五四年的洪水，还要准备战胜今后可能发生的同样严重的洪水。”

7.1.3 治理黄河

1952年10月、11月间，毛泽东同志考察黄河时发出了广为流传、动员和激励数代人治理黄河的伟大号召：“要把黄河的事情办好”。1954年10月，黄河规划委员会完成《黄河综合利用规划技术经济报告》；1955年7月，一届全国人大二次会议正式通过《关于根治黄河水害和开发黄河水利的综合规划报告》。1959年，毛泽东同志这样评价黄河：“黄河是伟大的，是我们中华民族的起源，人说‘不到黄河心不死’，我是到了黄河也不死心。”

7.1.4 根治海河

1963年8月，河北省中南部连降特大暴雨，洪水泛滥，101个县、市的353余万公顷土地被淹，造成了新中国成立以来最严重的灾害。1963年11月，毛泽东同志为抗洪救灾展题词：“一定要根治海河”。中央政府成立了由周恩来同志、李先念同志牵头的根治海河领导小组，组织京津冀鲁人民开展了群众性的根治海河运动。从1965年开始至20世纪80年代初，经过16年连续施工，海河流域初步形成了完整的防洪、排涝体系，海河旧貌换新颜。

7.2 林业生态建设在曲折中前行

新中国成立初期至十一届三中全会，是我国林业发展的第一阶段。这一阶段，尤其是新中国成立初期中央给林业的主要定位是为国民经济发展提供木材等林产品，但在林业生态和森林资源保护等方面，尽管经历了一个认识逐步提高的过程，但还是取得了一系列成效，针对林业建设方针、森林权属界定、保护森林资源、防止森林火灾、禁止乱垦滥伐等问题先后出台了一系列政策。

7.2.1　林业为经济发展和解决粮食问题让路

20世纪50年代，为解决吃饭和工业发展原材料问题，林业面临两大任务：

一是为工业、交通、矿业等发展提供木材，森工定位为基础性工业，林业建设的首要任务是生产木材。随着国民经济的恢复、发展，社会各条战线对木材等林产品的需求不断加大，木材年产量逐年增长，从1949年的567万立方米，到1980年的3508万立方米，增长了6倍多。最典型的属东北国有林区。

东北林区是我国最大的林区，主要分布在大、小兴安岭和长白山地区。该区域以中温带针叶一落叶阔叶混交林为主，林区面积约占全国森林总面积的25%。东北重点国有林区发展和管理模式在新中国成立初期是由国家确定的。新中国成立后，经济底子极端薄弱，为了充分利用东北丰富的自然资源用于国家工业化和加强国防建设，中央决定采用苏联计划经济的管理模式，在东北林区实施计划经济。1964年，8万名铁道兵和林业干部进入大兴安岭地区，在气候严寒、荒无人烟的森林中开始以采伐木头为主的林业生产，紧急供应全国的建筑、造纸、造船和铁路建设等。其后的50多年，东北国有林区累计生产木材超过20亿立方米，占全国同期商品材产量的近一半，累计上缴利税240多亿元，为新中国的原始积累和国民经济建设作出了历史性贡献。正是这种经济上的巨大贡献，为东北林业赢得了“林大头”“林老大”的称号。

二是从积贫积弱的旧中国站立起来的新中国，几亿人口的衣食住行问题成为国家面临的头等民生大事，林业需要满足各行各业对林产品的需求。在1949年之后的短短半个多世纪中，发生了人口增长方式的历史性转变。1949年后中国人口进入快速增长期，由1949年的5.5亿增加到1959年的6.6亿，1970年的8.5亿，1976年的9.5亿，再到1980年的10亿。短短30年时间，人口比1949年增长了将近一倍。人口的急剧膨胀，使得一系列经济、社会和环境问题更加严重。空前的人口负担和资源消耗，使中国面临历史上最为严峻的人口和资源挑战。木本油料、薪炭柴、农村建筑用材、中药材等大都来源于林地，随着人口增加，加上生产力水平低下，粮食的扩增主要依赖占用林地开垦的广种薄收来解决。南方的山区，甚至陡坡深山区经常可以见到石头砌筑的梯耕地痕迹，基本是两宋和明清南方人口大爆发时期开垦的，20世纪60～80年代，很多旧梯耕地又被重新开发出来了。

这段历史时期是新中国恢复生产和发展经济的关键时期，党和政府采取了有效措施，搞大规模的经济建设，发展生产、保障供给是时代的要求。在经济方面和社会各方面都取得巨大成就的同时，必然导致自然资源的需要量日益加大，加上生产技术的落后，环保意识的缺乏，环保措施的不完备，自然资源的不合理开发和利用以及人口大规模地增长，直接导致自然资源和环境保护方面出现了不少问题。

1956年，农业、手工业和资本主义工商业的社会主义改造相继完成，1957年又完成了发展国民经济的第一个五年计划，我国社会开始进入全面建设社会主义的新时期。1957年以后，由于对社会主义建设经验不足，对经济发展规律和中国经济基本情况认识不足，对形势作了不切实际的估计，提出了许多不切实际的口号和目标，忽视了客观经济规律，在一定程度上造成了比较严重的生态破坏。1966～1972年，由于国内政治局面趋于安定，生活水平逐渐提高，医疗卫生条件改善，人口死亡率下降，传统观念的影响以及对马寅初提出的关于控制中国人口、提高人口素质的理论进行了批判等原因，导致人口暴增。对粮食等资源形成巨大的需求，从而也加大了环境的压力。垦荒、农田水利建设是迅速改变粮食问题的有效手段，大量毁林开荒、围湖造田，严重破坏了生态平衡，成片的森林、草场和湿地迅速消失，造成全国性围湖造田、毁林造田的局面。据官方统计，1949～1981年全国毁林造田及火灾损失林地至少有670万公顷，森林、湿地面积不断缩减的趋势延续了多年。虽然新中国成立以来也在不断地造林，但由于当时国家对林业和森工的政策定位决定其中心工作不在生态，加上林业科技水平和管理水平尚处于原始积累阶段，导致造林的林木存活率不高，尤其在干旱半干旱地区，平均成活率仅在30%左右。另外，据长江中下游湘鄂赣皖苏五省湖泊资料统计，新中国成立之初有湖泊面积28859平方千米，而2010年只有20134平方千米，消失了8700平方千米，大部分为人为围垦所致。仅湖北一省自新中国成立初至2010年因围垦而减少湖泊面积6000平方千米。洞庭湖面积由20世纪初的6000平方千米，缩小至20世纪50年代的4350平方千米，80年代为2691平方千米，90年代为2145平方千米，容水能力也由293亿立方米减至174亿立方米。烟波浩渺的洞庭湖原是我国第一淡水湖，后退居第二。江苏省自1957年以来因围湖造田所消减的湖泊面积为700平方千米。湖区蓄水面积的缩小，引起溃涝灾害不断，反过来又限制了农业的发展，形成恶性循环。

很多学者在总结这一时期林业和生态环境问题时往往脱离当时的历史背景，总是站在当下予以审视，把原因归结于“大跃进”、人民公社化运动、三年自然灾害和“文化大革命”等社会因素，急于求成、“以粮为纲”等思想和认识方面出现了偏差，以木材生产为中心的林业经营实践，对当时取之于林多、用之于林少、森林保护不到位提出种种指责和诘问。

这些观点是不客观的，也不是实事求是的态度。每个时期都有每个时期的使命和主要社会矛盾，解决主要矛盾是执政的重点和中心任务。这一时期新中国刚刚建立，经济发展千疮百孔，社会事业百废待兴，国家建设基础一穷二白。此时的新中国面临着改变贫穷落后的面貌、建立现代化工业体系的紧迫任务，同时要医治战争创伤、恢复国民经济，此时的自然在人们眼中是一张等待书写的白纸，一个需要征服诸多自然灾害的对象，所以生态环境问题没有得到更多的关注，或者说在需要解决的堆积如山问题中暂时往后排成为不得已的选择。

7.2.2 林业生态作为社会主义建设重要部分成效显著

新中国成立之初尽管林业生态建设工作不像森工那样受到重视，但相关制度建设得到高度重视，1949年中国人民政治协商会议做出了“保护森林，并有计划地发展林业”的规定；1950年党和政府提出了“普遍护林，重点造林，合理采伐和合理利用”的建设总方针；1964年为进一步完善这一方针，提出要“以营林为基础，采育结合，造管并举，综合利用，多种经营”。林业建设总方针的提出与完善，对保护发展、开发利用森林资源发挥了重要的指导作用。

参加联合国人类环境会议推动了新中国的林业生态建设。1972年6月，联合国人类环境会议召开，通过了《人类环境宣言》。这是人类史上关于环境保护形成全球共识的大会，具有历史性里程碑意义。在这里，《人类环境宣言》其中一些语言，直接引用了《毛泽东语录》中的内容，如“世间一切事物中，人是第一可宝贵的。”“人类总得不断地总结经验，有所发现，有所发明，有所创造，有所前进。”这都充分肯定了人民群众在创造历史、改善环境方面的决定作用。这次会议之后，1973年11月发布的《国务院关于保护和改善环境的若干规定（试行草案）》，提出了“全面规划，合理布局，综合利用，化害为利，依靠群众，大家动手，保护环境，造福人民”的方针。

从环境保护运动的兴起和发展历程来看，环境保护是由于工业发展导致环境污染问题过于严重，首先引起工业化国家的重视而产生的。1962年，美国生物学家蕾切尔·卡森出版了一本名为《寂静的春天》的书，书中阐释了农药杀虫剂DDT对环境的污染和破坏作用，由于该书的警示，美国政府开始对剧毒杀虫剂问题进行调查，并于1970年成立了环境保护局，各州也相继通过禁止生产和使用剧毒杀虫剂的法律。由于此事，该书被认为是20世纪环境保护运动兴起的一个肇始。也就是说，世界范围人类环境运动的兴起，也不过半个多世纪。从我国的情况看，纵观以毛泽东同志为代表的党的第一代领导集体在新中国成立初期治水治国、绿化祖国的实践和号召，无不反映出中国共产党人与生俱来的绿色情怀；许多战略和构想，仍是今天我们全面建设小康社会和建设富强民主文明和谐美丽的社会主义现代化强国的努力目标。

从数据看，新中国成立初我国森林覆盖率为8.6%，1973～1976年，我国开展了第一次全国森林资源清查工作，结果显示，当时森林面积约121.9万平方千米，森林覆盖率为12.7%，比新中国成立初提高4.1%，增加约40万平方千米的森林面积。1977～1981年第二次全国森林资源清查，我国森林面积为115.3万平方千米，森林覆盖率降至12.0%，指标较第一次清查时有所下降，但与新中国成立初相比是净增加的，净增森林面积约33万平方千米，其间，森林采伐为国家经济发展提供商品木材约40亿立方米，按每公顷平均蓄积量90立方米测算，折算采伐及造林更新面积约74万平方千米。也就是说，新中国成立前30年全国完成造林绿化面积107万平方千米，占国土面积的11%多，成效是显著的。这一时期林业生态建设最有代表的一个例子是塞罕坝荒漠变绿洲的故事。

历史上，塞罕坝曾是一片绿洲，是皇家猎苑。辽金时期，塞罕坝是绿洲一片，号称“千里松林”。公元1681年，清康熙皇帝在平定了“三藩之乱”之后，巡幸塞外，看中了这块“南拱京师，北控漠北，山川险峻，里程适中”的漠南蒙古游牧地，并在此设立“木兰围场”，作为哨鹿狩猎之地。原始森林气候凉爽，清幽雅静、情致醉人，是闲游、静修之所。于是，自然也成了清帝避暑的风水宝地。据历史记载，自康熙二十年到嘉庆二十五年的139年间，康熙、乾隆、嘉庆三位皇帝共举行木兰秋狝105次。后来，在乌兰布通之战胜利后，康熙曾登临亮兵台，检阅得胜凯旋的清军将士。

因吏治腐败和财政颓废，内忧外患的清政府在同治二年（1863年）开围放垦，森林植被被破坏，后来又遭日本侵略者的掠夺采伐和连年山火，当年“山川秀美、林壑幽深”的胜境不复存在。

塞罕坝地处内蒙古高原浑善达克沙地南缘，而浑善达克沙地与北京的直线距离只有180千米。浑善达克沙地海拔高度1400米左右，而北京的海拔仅43.71米，紧邻的浑善达克、巴丹吉林等沙地沙漠继续南侵，像两头饿狮，直犯京城。

国家气象资料表明：20世纪50年代，北京年平均沙尘天数56.2天。塞罕坝此时已是“飞鸟无栖树，黄沙遮天日”的荒凉景象，草木不见，黄沙弥漫，风起沙涌，肆虐地扑向100多千米外的北京城。“如果这个离北京最近的沙源堵不住，那就是站在屋顶上向院里扬沙。”作家李春雷曾这样描述过。

面对风沙紧逼北京城的严峻形势，1961年林业部决定在塞罕坝建设林场，1962年9月，来自全国不同地方的369名青年，一路北上，奔赴塞罕坝。他们一茬接着一茬，克服了立地条件差、生产技术单一等不利因素，在沙地里播种、在石头缝儿里栽绿，像钉钉子一样，“钉”出近10万公顷林海。

建场后的20多年布满坎坷荆棘。塞罕坝人克服了常人难以想象的困难，与大自然展开了艰苦卓绝的不屈抗争。据统计，1962～1984年，林场共造林6.67万公顷，总计4.8亿余株；保存4.53万公顷，保存率71%，创全国造林保存率之最。在高海拔地区工程造林、森林经营、防沙治沙、有害生物防治、野生动植物资源保护与利用等方面取得了许多创新性成果，其中多项成果达到国际先进水平。

如今的塞罕坝，有着丰富、独特、秀美的生态旅游资源，已经成为华北特别是环京津地区最著名的生态旅游景区之一。2017年12月5日，在肯尼亚内罗毕举行的第三届联合国环境大会上，河北塞罕坝林场被授予“地球卫士奖”。

8　生态建设理念开放与粗放发展压力并行

8.1　动力和压力并存

从20世纪70年代末到90年代后期，即从改革开放之初到20世纪末期，是林业发展的第二阶段。这时期是改革开放的前20年，“一个中心、两个基本点”是这一时期的政策基点，发展经济是全国上下压倒一切的头等大事。大力植树造林、加强森林保护、强调可持续发展，成为这一时期党和政府林业政策措施的重点。

但由于历史欠账太多，尽管出台了一系列政策措施，还是没能彻底遏制住我国生态失衡的局面。1981年七八月，我国四川、陕西等省先后发生了历史上罕见的特大洪水灾害。长江、黄河上游连降暴雨，造成洪水暴发、山体崩塌，给人民群众生命财产和国家经济建设造成巨大损失。

1981年12月13日，第五届全国人大第四次会议审议并通过了《关于开展全民义务植树的决议》，从此，植树造林成为我国公民应尽的义务。为了改变我国西北、华北、东北地区风沙危害和水土流失，减缓日益加速的荒漠化进程，党和政府决定在西北、华北北部、东北西部绵延4480千米的风沙线上，实施“三北”防护林体系建设工程。1986年后又陆续开展了绿化太行山、沿海防护林、长江中上游防护林、平原绿化、黄河中游防护林等生态工程。

全民义务植树和大型生态工程的上马，标志着以木材生产为主的林业工作重心转变到以生态建设为主，生态和产业双翼发展的新阶段。

1992年是我国林业发展的转折年，也是我国向可持续发展的转变年。是年6月，巴西里约热内卢联合国环境与发展大会对人类环境与发展问题进行了全球性规划，会议通过的《21世纪议程》，使可持续发展这一模式成为世界各国的共识。会后，我国编制了《中国21世纪议程——中国21世纪人口、环境与发展白皮书》，成为中国可持续发展的总体战略。作为可持续发展战略的重要组成部分，党和政府把生物多样性资源保护、森林资源保护放到了突出位置。在《国务院关于进一步加强造林绿化工作的通知》（1993）中，明确指出要坚持全社会办林业、全民搞绿化，总体推进造林绿化工作，切实抓好造林绿化重点工程建设。在随后制定的《中华人民共和国农业法》中明确指出，国家实行全民义务植树制度；保护林地，制止滥伐、盗伐森林，提高森林覆盖率。1994年10月通过的《中华人民共和国自然保护区条例》，强调要将生物多样性作为重点保护对象。在1996年9月出台的《野生植物保护条例》中，明确提出以严厉的措施，保护生物多样性，维护生态平衡。

1984～1988年第三次全国森林资源清查，我国森林面积为1.25亿公顷，森林覆盖率12.98%，森林蓄积量91.41亿立方米。1989～1993年第四次清查，森林面积133.70万平方千米，森林覆盖率13.92%，活立木蓄积量117.85亿立方米，森林蓄积量101.37亿立方米。1994～1998年第五次清查，森林面积158.94万平方千米，森林覆盖率16.55%，活立木蓄积量124.88亿立方米，森林蓄积量112.67亿立方米。森林面积和蓄积出现双增长的良好局面，林业发展取得了阶段性成果。

但随着经济体制改革的深入，木材市场逐步放开，在经济利益的驱动下，一些集体林区出现了对森林资源的乱砍滥伐、偷盗等现象，甚至一些国营林场和自然保护区的林木也遭到哄抢，导致集体林区蓄积量在300万立方米的林业重点市，由20世纪50年代的158个减少到不足100个，能提供商品材的县由297个减少到172个。第三次森林资源清查（1984～1988年）显示，较第二次清查，南方集体林区活立木总蓄积量减少了18558.68万立方米，森林蓄积量减少15942.46万立方米。在生产建设需要和人口生存需求的双重压力下，木材年产量居高不下，长期超量采伐、计划外采伐，对森林资源消耗巨大，远远超出了森林的承载能力。以东北重点国有林区为例，随着改革开放搞市场经济，国内建设对木材的需求激增，各林业局加大采伐量，森林资源日渐枯竭，为了维持庞大而又臃肿的辅助单位，加上森工企业上缴利润，只能采取大量超采的对策，林区陷入了“越穷越采、越采越穷、越砍越细”的怪圈。至20世纪90年代这种现象日趋严重，达到无木可伐的地步，森工企业陷入“两危境况”，东北地区大批制浆造纸企业、森工和木材加工企业倒闭或转产，林区职工下岗潮、买断工龄自谋生路成为一大社会问题，东北林区陷入前所未有的困境。

从全国来看，依据《中国林业年鉴》中的统计数据，1986～1991年，我国每年的木材产量曾一度递减，从6502.4万立方米，下降到5807.3万立方米，减少了695.1万立方米，减幅为10.7%。但是，1991年之后又迅速反弹，至1995年，木材产量攀升至6766.9万立方米，远远超过了1986年的产量。

这一时期是典型的以消耗资源和环境容量为代价的粗放式发展模式。改革开放后，乡镇企业异军突起，成为我国经济发展的生力军，一方面极大地增强了我国经济实力，另一方面，由于乡镇企业技术含量低、能耗高、污染重，给生态环境特别是水环境造成了严重影响。

生态环境的恶化从黄河也得到了明显反映。20世纪70年代以来，黄河多次断流，在1972～1996年的25年内有19年发生断流，断流时间长达100余天，1996年断流河段从河口向上延伸至封丘县，长达622千米。黄河流域大中城市普遍缺水，造成生产、生活的困难。北京市遭受沙暴的频次增加。

这些都是森林过度开伐、草地过量放牧、水资源过度开采，不知节制，头脑里缺乏可持续发展观念的结果。

8.2 三北防护林工程立丰碑

三北防护林工程是指在中国三北地区（西北、华北和东北）建设的大型人工林生态工程。

建设三北工程是改善生态环境、减少自然灾害、维护生存空间的战略需要。三北地区分布着中国的八大沙漠、四大沙地和广袤的戈壁，总面积达148万平方千米，约占全国风沙化土地面积的85%，形成了东起黑龙江西至新疆的万里风沙线。这一地区风蚀沙埋严重，沙尘暴频繁。从20世纪60年代初到70年代末的近20年间，有667万公顷土地沙漠化，有1300多万公顷农田遭受风沙危害，粮食产量低而不稳，有1000多万公顷草场由于沙化、盐渍化，牧草严重退化，有数以百计的水库变成沙库。据调查，三北地区在20世纪50～60年代，沙漠化土地每年扩展1560平方千米；70～80年代初，沙漠化土地每年扩展2100平方千米。

三北地区大部分地方年降水量不足400毫米，干旱等自然灾害十分严重。三北地区水土流失面积达55.4万平方千米（水蚀面积），黄土高原的水土流失尤为严重，每年每平方千米流失土壤万吨以上，相当于刮去1厘米厚的表土，黄河每年流经三门峡16亿吨泥沙，使黄河下游河床平均每年淤沙4亿立方米，下游部分地段河床高出地面10米，成为地上"悬河"，母亲河成了中华民族的心腹之患。

三北防护林工程自1978年11月启动，工程东起黑龙江宾县，西至新疆乌孜别里山口，北抵北部边境，南达海河、永定河、汾河、渭河、洮河下游、喀喇昆仑山，包括新疆、青海、甘肃、宁夏、内蒙古、陕西、山西、河北、辽宁、吉林、黑龙江、北京、天津13个省（直辖市、自治区）的559个县（旗、区、市），总面积406.9万平方千米，占中国陆地面积的42.4%。三北工程规划造林3567万公顷，到2050年工程完成时，三北地区的森林覆盖率将由1977年的5.05%提高到15.95%。

工程总共分3个阶段、8期工程进行，规划期限为70年，目前已经启动第五期工程建设。

1978～2000年为第一阶段，分三期建设：

1978～1985年为一期，目标是从根本上改变三北地区生态面貌，改善人们的生存条件，促进农牧业稳产高产，维护粮食安全，把农田防护林作为工程建设的首要任务，集中力量建设平原农区的防护林体系。这一时期造林593万公顷，保护耕地和草牧场667万公顷和334万公顷，水土流失严重的115个县森林覆盖率由5%提高到18%。

1986～1995年为二期，目标是建设生态经济型防护林体系，使生态治理与经济发展相协调，生态建设与群众脱贫致富相统一，改变单一生态型防护林建设模式，做到农林牧、土水林、带片网、乔灌草、多林种、多树种、林工商七个结合，使防护林体系达到结构稳定、功能完善，生态、经济、社会效益有机结合。这一时期规划造林808万公顷，三北地区的森林覆盖率由5.9%提高到7.7%。

1996～2000年为三期，总投资78.57亿元，三期工程规划造林401万公顷，森林覆盖率提高到10%以上，70%的农田实现林网化，年增产粮食1300万吨以上；使2000多万公顷草场得到保护，25万平方千米的沙漠化土地得到治理。

2001～2020年为第二阶段，分两期建设：

2001～2010年为四期工程，目标是以防沙治沙为主攻方向，结合社会主义新农村建设要求，本着"建设一个亮点、统筹三大区域"的建设思路，开展新农村建设试点、农防林更新改造及重点农区、重点沙区和水土流失区的高标准防护林建设。四期工程规划造林950万公顷，森林管护2728万公顷，森林覆盖率由8.63%提高到10.47%。

2011～2020年为五期工程，五期工程规划造林总面积1647万公顷，新增森林面积988万公顷、森林蓄积量5.5亿立方米；退化林分修复194万公顷，60%以上的退化林分得到有效修复；70%以上水土流失面积得到有效控制；80%以上的农田实现林网化。

截至2018年底，三北工程建设40年累计完成造林保存面积3014.3万公顷，工程区森林覆盖率由1977年的5.05%提高到13.57%，活立木蓄积量由7.2亿立方米提高到33.3亿立方米。

生态效益。重点治理地区沙化土地和沙化程度呈"双降"趋势。治理沙化土地27.8万平方千米，保护和恢复严重沙化、盐碱化草原、牧场 1000多万公顷。内蒙古、陕西、宁夏等8个省（自治区）实现了由"沙进人退"向"人进沙退"的重大转变。毛乌素、科尔沁两大沙地扩展的趋势实现全面逆转。

局部地区水土流失面积和侵蚀强度呈"双减"趋势。水土流失治理面积由三北工程建设前的5.4万平方千米增加到2010年的38.6万平方千米，局部地区的水土流失得到有效控制。重点治理的黄土高原地区，近50%的水土流失面积得到不同程度治理，土壤侵蚀模数大幅度下降，年入黄河泥沙减少4亿多吨。

平原农区林网化面积和粮食产量呈"双增"趋势。在东北、华北平原等重点农区，基本建成了规模宏大的农田防护林体系，有效庇护农田 2248.6万公顷，农田林网化程度达到 68%。粮食单产由三北工程建设前的每公顷1500千克提高到

4500多千克。

经济效益。培植了产业资源，促进了林副产品的有效供给。目前工程区森林蓄积量由1977 年的7.2亿立方米，增加到14.4亿立方米，净增7.2亿立方米。三北地区“四料”（木料、燃料、肥料、饲料）俱缺的状况得到根本性改善。建成了一大批以苹果、红枣、香梨、板栗、核桃为主的特色经济林基地，总面积达432万公顷，年产干鲜果品 3600 多万吨，年产值537亿元。

发展了地方经济，增加了农民收入。三北地区形成以人造板、家具制造、造纸纤维材、生物质能源燃料等为主的加工企业 5000余家，安排就业人员70多万人，产值达225亿元。广大人民群众从特色经济林产品销售、流通和加工以及人工林木材销售中，得到了实实在在的利益。

社会效益。三北工程建设铸就了具有时代特色的“三北精神”，成为推动生态文明建设的强大精神动力。三北工程在国际社会享有“世界林业生态工程之最”的美誉。1988年，邓小平同志为三北工程亲笔题词：“绿色长城”，2003年三北工程荣获世界上“最大的植树造林工程”吉尼斯证书。

8.3　太行山绿化工程

太行山区南起黄河，北至桑干河，西滨汾河，东接华北平原，是海河流域的主要发源地，是京津地区的天然屏障，生态区位十分重要。历史上的太行山区曾是森林茂密、美丽富饶之地。由于战乱、毁林开荒等原因，太行山森林资源遭到严重破坏，到新中国成立初期，已经是濯濯童山、遍地裸岩，森林覆盖率不足5%。新中国成立后，国家加大太行山的治理力度，但由于多种原因，建设步伐缓慢。据1984年统计，太行山区森林覆盖率只有1.1%。

太行山的生态治理受到党中央、国务院的高度重视。1983年，时任中共中央总书记胡耀邦同志视察太行山区河北易县时，明确提出要加速太行山绿化，使太行山从“黄龙”变成“绿龙”。1984年12月，原国家计划委员会批准实施《太行山绿化总体规划》。工程建设从1987～1993年开展试点建设，1994 年全面启动。一期工程实施期限为1994～2000年，建设范围涉及北京、河北、山西和河南

4个省（直辖市）的110个县（市、区）。2001年，国家继续启动实施《太行山绿化工程二期规划（2000—2010年）》，进一步加大建设力度，规划投资总额增加到36亿元，是一期建设的3.5倍。建设范围涉及北京、河北、山西、河南4个省（直辖市）的77 个县（市、区、国有林管理局）。

二期工程累计完成造林90.2万公顷，其中人工造林30.7万公顷、封山育林47.2万公顷、飞播造林12.3万公顷，森林覆盖率达到21%，林木绿化率达到30.6%。工程区内森林覆盖率稳步提高，林种、树种结构进一步优化，森林生态系统稳定性增强，水土流失面积和流失强度大幅度减少和下降，地表径流量降低，干旱、洪涝等自然灾害也明显减少，过去“土易失、水易流”的生态状况显著改善，为当地经济社会可持续发展奠定了坚实基础。太行山绿化工程的实施，带动了太行山区以红枣、核桃、花椒等干果为主的经济林产业发展，解决了大量的剩余劳动力，维护了当地社会的和谐稳定。

根据二期工程结束时的测算，太行山区仍有超过130万公顷宜林荒山荒地，造林绿化任重而道远。为进一步推进太行山区生态建设，原国家林业局启动实施了《太行山绿化三期工程规划（2011—2020年）》，建设范围涉及北京、河北、山西、河南4个省（直辖市）75个县（市、区、国有林管理局）。工程区分七大区53个重点县，总面积达 839.6万公顷，规划投资181.8亿元，任务包括人工造林81.6万公顷、封山育林49.6万公顷、飞播造林4万公顷和低效林改造32.5万公顷。到2020年，工程区新增森林面积79.6 万公顷，森林覆盖率提升9.7%。

8.4 国土生态空间面临空前压力

改革开放后，中国经济为了更快融入世界经济秩序，实行“国际大循环战略”，即大力发展劳动密集产品的出口，在国际市场换回外汇，为重工业发展取得所需资金与技术，再用重工业发展后所积累的资金支援农业，从而通过国际市场的转换机制，沟通农业与重工业的循环关系；同时配合实施“沿海发展战略”，即利用我国劳动力充裕的资源优势，发展劳动密集型产业，吸引外商直接投资，大力发展“三资企业”；实行“两头在外”，大进大出，使经济运行由国内循环扩大到国际循环。

但在推动形成国际大循环的过程中，两头在外、出口与投资双驱动所带来的弊端也逐渐显现：经济过度依赖于投资、出口，不但使中国面临严重的国际收支失衡和外部压力，而且国内也面临收入分配地区差距扩大，产业升级面临瓶颈制约，生态环境出现恶化等问题。

20世纪90年代以后，人类面临严重的资源危机、环境危机，经济发展和人口增长产生的对资源与环境的需求超出了地球生态系统资源与环境的供给能力。资源枯竭，使人类的生存、发展面临着极其严重的挑战。过度的人口增长和粗放型的发展方式，对森林、草场进行掠夺式开发，破坏了自然生态环境，导致森林消失、植被破坏、水土流失、土地沙漠化、草场退化、物种锐减、水产资源枯竭，形成人口增长、贫困和生态退化的恶性循环。

据2000年水利部公布的资料显示，当时我国已成为世界上水土流失最严重的国家之一，全国水土流失面积达367万平方千米，占国土面积的38%，其中黄河、长江、海河、淮河、松辽河、珠江、太湖七大流域占全国水土流失面积一半。因水土流失，全国每年流失土壤50多亿吨，新增荒漠化面积2100平方千米，相当于每年损失一个中等县的土地面积，每年损失的耕地面积达7万多平方千米。《2012中国环境状况公报》显示，长江、黄河等十大流域，Ⅰ～Ⅲ类、Ⅳ～Ⅴ类和劣Ⅴ类水质的断面分别为68.9%、20.9%和10.2%。在监测的60个湖泊水库中，富营养化状态的湖泊水库占25.0%，可以说到了一水难求的程度。2013年3月份，中国地质科学院曾发表了一份历时6年的调查报告，结果显示，华北平原浅层地下水综合质量整体较差，浅层类地下水已几乎绝迹，可以直接饮用的I类地下水仅占22.2%，需经专门处理后才可利用的地下水则占56.55%以上。整个华北平原32万平方千米，跨越河北、山东、河南、北京、天津等省（直辖市），影响人口近4亿，而整个华北平原75%以上的用水需求依靠地下水解决，水污染情况之严重可见一斑。原国家林业局在第六个世界防治荒漠化和干旱日发布的一项调查表明，我国已经成为受荒漠化危害最严重的国家之一，每年因荒漠化造成的直接经济损失达560亿元。日益严重的水土流失和荒漠化不仅造成了生态失衡，而且给工农业生产和人民生活带来了严重影响。

据世界银行1998年对132个国家的统计，我国水资源总量排世界第四位，但人均水资源占有量却排到了82位。按国际标准，人均水资源2000立方米为严重缺水边缘，人均1000立方米为人类生存起码要求。21世纪初，我国有15个省（自治区、直辖市）人均水资源严重低于缺水线，有7个省（自治区、直辖市）人均水资源低于生存起码要求。另外，据水利部对全国700余条河流约10万千米河长开展的水资源质量评价结果显示：46.5%的河长受到污染（相当于Ⅳ、Ⅴ类）；10.6%的河长严重污染（劣Ⅴ类），水体已丧失使用价值。90%以上的城市水域污染严重。在全国七大流域中，太湖、淮河、黄河流域均有70%以上的河段受到污染；海河、松辽流域污染也相当严重，污染河段占60%以上。全国有1/4的人口饮用不符合卫生标准的水。水污染直接影响着我国民众生活、生存环境，对人民的身体健康构成极大威胁。

河湖萎缩、湿地功能退化、部分湖泊咸化趋势明显。在北方缺水地区，由于河道天然径流减少，引用水量增加，开发利用不尽合理，江河断流及平原地区河流枯萎已成为又一个严重的水环境问题。调查表明，我国西北干旱半干旱地区湖泊干涸现象十分严重，部分湖泊含盐量和矿化度明显升高。我国历史上著名的大型咸水湖——罗布泊已干涸。围湖造田是南方地区湖泊面积萎缩的首要原因。江汉湖群因围垦消失的湖泊983个，减少面积2041平方千米，目前仅存湖泊83个；洞庭湖区在不到40年的时间内，围垦面积达15万公顷，淤积与围垦互为因果，恶性循环。2007年，大量污水排放导致太湖水体富营养化，浓得化不开的蓝藻给太湖亮了“红灯”。

由于地表水资源贫乏和水污染加剧，一些地区对地下水进行掠夺式开发，地下水超采现象十分严重，以牺牲环境为代价维持工农业生产和人民生活的用水需求。据不完全统计，全国已形成地下水区域性降落漏斗149个，漏斗面积15.8万平方千米，其中严重超采面积6.7万平方千米，占超采区面积的42.3%。多年平均超采地下水67.8亿立方米。

森林生态功能弱化。森林作为陆地上最大的生态系统，以它特有的保持水土、涵养水源、防风固沙、调节气候、防治污染、减少噪音、净化空气等生态功能而发挥着巨大的生态效益，这些功能随着近年大自然对人类的惩罚已逐渐被全社会民众所认识。然而，20世纪中后期我国面临的是森林生态功能逐年弱化的局面，森林质量不高，单位面积蓄积量较小，树龄结构不合理，可采资源减少，次生林和人工林较多，混交林较少，林地被征占数量巨大，超限额采伐问题严重，所有这些都造成了森林整体生态功能弱化。

9　九八洪灾引发体制生态自觉　重大生态工程转乾坤

1998年我国“三江”（长江、嫩江、松花江）流域发生了特大洪灾。此次灾害持续时间长、影响范围广、灾情特别严重，可谓百年不遇。据国家权威部门统计，全国共有29个省（自治区、直辖市）受到不同程度的洪涝灾害，农田受灾面积2229万公顷，死亡4150人，倒塌房屋685万间，直接经济损失2551亿元。

但是，这次洪灾的积极意义却被大多数人忽视，可以说，1998年洪灾促使中央对生态的重新认识，引发了体制能办大事的潜能，以举国之力实施了一系列特大型生态工程，可以说从此迎来了中国生态建设史的大转折，标志着一个全新历程的开始，本书把其定位于中华区域性宏观生态退化趋势线转向的转折点。50～100年后，在西部生态重获新生、远古时代那种草丰林茂重现、黄河流域中华经济文化繁荣景象再现时，再回顾公元1998年这个时点，就会明白其历史地位之重要。

洪灾引发了党和政府对生态环境保护及林业在生态发展中主战场作用的深入思考。时任国务院总理朱镕基在考察洪灾时指出：“洪水长期居高不下，造成严重损失，也与森林过度采伐、植被破坏、水土流失、泥沙淤积、行洪不畅有关。”在灾情还未结束时，国务院就下发了《关于保护森林资源制止毁林开荒和乱占林地的通知》，强调：“必须正确处理好森林资源保护和开发利用的关系，正确处理好近期效益和远期效益的关系，绝不能以破坏森林资源，牺牲生态环境为代价换取短期的经济增长。”在此基础上，党和政府又出台了多项政策，如《国务院办公厅关于进一步加强自然保护区管理工作的通知》（1998）、《中共中央关于农业和农村工作若干重大问题的决定》（1998）等。在这些政策中，党和政府反复强调保护和发展森林资源的重要性、迫切性。

同时，党和政府果断采取措施，充分发挥能集中资源办大事的体制优势，相继启动了退耕还林还草、天然林保护、长江中下游地区重点防护林体系建设、京津风沙源治理、野生动植物保护及自然保护区建设、重点地区速生丰产用材林建设等工程。大型林业重点生态工程的实施，标志着我国林业以生产为主向以生态建设为主转变，也是我国转变发展方式、构建全新生态观的示范工程。这些工程都是史无前例的重大生态工程，国家和地方财政投入约20万亿元，带动社会投入约23万亿元，促成了几千年来全国性生态退化趋势线的反转，充分诠释了制度优越性，为生态文明观的形成和发展奠定了实践基础。

9.1 退耕还林还草工程

退耕还林还草工程实施的背景是1998年特大洪水灾害，让中央下定决心调整发展方式的一系列措施之一。在林草业多项重点生态修复工程中，作者特别关注退耕还林还草工程，作为一名长期在林业行业摸爬滚打的务林人，对林业产业和生态具有较为深刻的理解，结合中华历史上人口和经济发展中心区域迁移与生态环境变化的高度耦合性的认知，更加理解到退耕还林还草工程的历史意义。鉴于该工程的重大意义，将在本书的最后一章作单章专门分析几千年来开垦土地增加粮食生产的模式逆转为退出耕地开展生态恢复的现实需要、内在逻辑及历史必然性的合理基础，以及作为“两山论”科学性、可行性最大、最典型案例的无可替代性。

从有史可追溯的漫长历史进程中，中华民族始终是以农耕为主流的社会结构，土地、耕地是财富的象征和追求的目标。随着人口的增加，领地的扩展，扩耕、开荒造地造田成为必然的选择，尽管不否认局部范围的退耕常有存在，但作为一种国策和发展方式的国家行为，这种趋势一直维持到公元1998年未有改变。1999年退耕还林还草决策开启的是一种逆传统的发展模式，是历史巨变。通过国家出钱出粮赎买的方式把25度以上的坡耕地和生态敏感区、脆弱区的耕地还林还草，工程之大、范围之广、投入之多，在世界上都是史无前例的，是中华民族5000年农业发展的转折点，是发展方向的战略性调整，拉长时间轴去观察，其对整个国家发展和区域布局的影响将是长期性和颠覆性的。

之所以说此次退耕还林还草是发展趋势和方向的转变，就是因为这种变化是历史性的，是国运所致，看似偶然（98洪灾引起），实则必然。新中国成立后，国家在退耕还林上是做过探索和实践的，早在1957年5月国务院第二十四次全体会议通过的《中华人民共和国水土保持暂行纲要》规定："原有陡坡耕地在规定坡度以上的，若是人少地多地区，应该在平缓和缓坡地增加单位面积产量的基础上，逐年停耕，进行造林种草。"四川省1980～1982年拿出3.9亿千克粮食补贴指标，用于坡耕地退耕还林。20世纪80～90年代，以内蒙古乌兰察布盟、云南会泽县、陕西吴旗县、宁夏西吉县等为代表的西部各地纷纷开展了退耕还林的探索和实践，有成功的经验，也有失败的教训，其中内蒙古乌兰察布盟实施的"进退还"战略最为成功。然而，由于当时我国农业生产力低下，粮食紧缺，十多亿人口的吃饭问题尚未根本解决，退耕还林的设想最终由于缺乏有力的政策支持（实际上是生产力水平尚未达到突破的临界点）而无法大规模实施。

从前面的分析可以知道，决定耕地规模的是人口数量，实际上是人口对粮食的总需求量，而粮食总量取决于耕地数量和耕地生产力水平。其实，新中国成立后我国的人口不仅没有少，且人口总量一直在大幅增长之中，1998年末总人口为124810万，粮食总需求量也是相应大幅增加的，但是，经过新中国成立后几十年的发展，科技水平大幅提升了，单位面积耕地的生产力大幅提高了，国家财政能力也具备了投入能力，在保障粮食总需求的前提下，具备了把那些产出力较低、耕作条件较差、生态价值更高的耕地退出去的条件。这也是当代与历代的主要区别所在，新中国的综合国力提升和领导层生态觉悟加上其为政的担当与作为，才具备突破桎梏历朝历代的粮食安全和耕地底线问题，实行发展方式的伟大转变。

退耕还林还草工程建设范围包括北京、天津、河北、山西、内蒙古、辽宁、吉林、黑龙江、安徽、江西、河南、湖北、湖南、广西、海南、重庆、四川、贵州、云南、西藏、陕西、甘肃、青海、宁夏、新疆25个省（自治区、直辖市）和新疆生产建设兵团，共1897个县（市、区、旗）。

退耕还林还草工程分两期实施。第一轮退耕还林工程实施期1999～2015年，实施面积2982万公顷（44728.7万亩），其中退耕地造林926万公顷（13896.2万亩），荒山荒地造林1746万公顷（26182.5万亩），封山育林310万公顷（4650万亩）。工程总投入4071.97亿元，其中中央预算内投入283.30亿元，财政专项资金3788.66亿元。第二轮退耕还林还草工程主要是落实《中共中央 国务院关于全面深化农村改革加快推进农业现代化的若干意见》要求："从2014年开始，继续在陡坡耕地、严重沙化耕地、重要水源地实施退耕还林还草"，中共中央 国务院印发的《生态文明体制改革总体方案》提出："建立耕地草原河湖休养生息制度。编制耕地、草原、河湖休养生息规划，调整严重污染和地下水严重超采地区的耕地用途，逐步将25度以上不适宜耕种且有损生态的陡坡地退出基本农田。建立巩固退耕还林还草、退牧还草成果长效机制。"等精神，范围为25度以上坡耕地、严重沙化耕地和重要水源地15～25度坡耕地。对已划入基本农田的25度以上坡耕地，要本着实事求是的原则，在确保省域内规划基本农田保护面积不减少的前提下，依法定程序调整为非基本农田后，方可纳入退耕还林还草范围。

退耕还林还草工程的实施，改变了农民祖祖辈辈垦荒种粮的传统耕作习惯，实现了由毁林开垦向退耕还林的历史性转变，有效地改善了生态状况，促进了"三农"问题的解决，并增加了森林碳汇。

9.2 天然林资源保护工程

国有林区普遍面临严重的"两危"（森林资源危机、林区经济危困）局面，在这森工企业倒闭、企业人员下岗、林区员工开不出工资、社会问题集中爆发的关键时期，发生了1998年特大洪水，在这一历史背景下，党中央、国务院决定转变发展方式，在林业生态领域启动天然林保护工程（简称"天保工程"），当年即启动试点工作。天保工程成为我国林业以木材生产为主向以生态建设为主转变的重要标志，也是人类历史上实施成效最为显著、综合效益最大的生态工程之一。

天保工程涉及长江上游、黄河上中游、东北内蒙古等重点国有林区17个省（自治区、直辖市）的734个县和163个森工局。长江上游地区以三峡库区为界，包括云南、四川、贵州、重庆、湖北、西藏6个省（自治区、直辖市），黄河上中游地区以小浪底库区为界，包括陕西、甘肃、青海、宁夏、内蒙古、山西、河南7个省（自治区、直辖市）；东北内蒙古等重点国有林区包括吉林、黑龙江、内蒙古、海南、新疆5个省（自治区）。二期工程在延续一期范围的基础上，增加了丹江口库区的11个县。

一期工程建设年限为2000～2010年，实际累计投入人民币1186亿元（其中中央财政投入1119亿元，地方配套67亿元）；二期工程建设年限为2011～2020年，规划投入2440.2亿元（其中中央财政投入1936亿元，中央基本建设投资259.2亿元，地方财政投入245亿元）。工程建设内容主要包括停止天然商品林采伐、森林管护、公益林建设、森林经营、保障和改善林区民生。

天保工程是一项十分重要的自然生态保护修复工程，是我国生态林业民生发展的重要载体，是增加森林碳汇、应对气候变化的重要战略举措。工程建设取得了显著成效，发挥了巨大的生态、经济及社会效益。

工程区森林面积、蓄积量实现双增长。天保工程一期结束时，累计少砍木材2.2亿立方米，森林覆盖率增加3.7个百分点，森林蓄积量净增加约7.25亿立方米，仅按63%的出材率算，折合经济价值为3654亿元，为工程总投入的3.08倍。天保工程二期的继续巩固实施，为实现森林资源面积、蓄积量的双增长提供了有力保障。据全国森林资源清查结果显示，1998～2013年，在天保工程区林地面积只占全国林地面积42.8%的情况下，天保工程区天然林面积增加了333万公顷，占全国的57.1%；天保工程区天然林蓄积量增加了11.09亿立方米，占全国的54.6%。天保工程区的天然林面积、蓄积量增速明显高于全国平均水平。

工程区生态环境不断改善。天保工程使我国森林资源得以休养生息，森林植被逐步恢复，水源涵养功能明显增强，水土流失面积逐年减少。据中国长江三峡集团公司提供的数据分析，库区的泥沙沉积量正以每年1%的速度递减，长江的浑水期由天保工程实施前的300天降至2016年的150天。作为全省纳入天保工程的四川省，2013年水利普查数据与2003年对比，水土流失面积减少了10.03万平方千米，年土壤侵蚀量减少了7700万吨。青海省三江源地区生态恶化趋势得到缓解，黑河流域、东部黄土丘陵区的生态状况明显改善。

生物多样性得到有效保护。随着野生动植物生存环境的改善，生物物种及生态系统的多样性得到有效保护。全国天保工程区近千个县（局）级实施单位中，包括130多处国家级自然保护区、260多处国家级森林公园，其中有不少是生物多样性保护的关键地区和热点地区。天保工程区珙桐、苏铁、红豆杉等国家重点保护野生植物数量明显增加。东北林区野生东北虎频繁出现；全国天保工程区许多地方已消失多年的狼、狐狸、金钱豹、鹰、梅花鹿、锦鸡等飞禽走兽重新出现。

天保工程区职工就业情况继续向好。天保工程二期为林区提供就业岗位约65万个，就业模式逐步转变为以生态保护和建设为主的多元化就业格局。20多万森工企业、国有林场富余职工转岗到森林管护和公益林建设，长江、黄河流域天保工程区通过森林管护、营造林生产等项目带动当地数十万个林农就近就业。新疆生产建设兵团通过天保工程安置富余职工就业，对维护边境社会稳定，履行屯垦戍边历史使命，实现屯垦强边、维稳固边，具有重大的长远意义。

天保工程区民生得到较大改善。天保工程5项社会保险补贴政策的落实，有效解决了在册职工的社会保障问题，基本解除了职工的后顾之忧；一次性安置职工两险补贴政策的落实，缓解了林区就业困难群体的生活困难问题；棚户区改造政策的落实，加快了林区社会城镇化速度，有效改善了林区职工的生活和居住环境；林区经济转型的发展壮大，拓宽了职工群众的致富途径。2014年工程区林业在岗职工人均年工资达到30940元，较2010年增幅达73.1%。截至2014年，中央共下达重点国有林区棚户区改造投资156.2亿元，惠及林区104.1万户，职工住房条件明显改善。农村饮水安全已安排投资3.9亿元，解决了林区68.1万人安全饮水问题。

天保工程区经济转型发展态势良好。各地以天保政策为依托，通过转方式、调结构、促升级，积极发展生态旅游、沟系经营、林内经济等替代产业，大力发展现代服务业，构建了就业多途径、收入多渠道、产业多元化的生产力布局。据国家林业和草原局对9个省（自治区）的37个重点森工企业经济社会效益监测表明，第一、第二、第三产业比例由 2003年的85.96∶3.12∶10.92调整为2013年的42.49∶36.74∶20.77。天然林资源保护在稳增长、调结构、转动力方面的作用越来越大，为引领经济发展新常态提供了有力支撑。

林区体制机制改革不断深入。天保工程一期以来，在天保工程政策和资金的大力支撑下，重点国有林区剥离企业办社会职能已经基本到位，辅业改制全面完成，为进一步深化国有林区改革，实行政企、政事、事企、管办“四分开”奠定了良好的基础。不少条件成熟的地方，将以经营和管护森林为主业的森工企业转制为全额财政拨款的事业单位，进一步强化了森林经营和管护主体的职责，也为保护和发展好当地天然林资源理顺了经营管理体制。

全民生态保护意识不断加强。随着天保工程的深入实施，全国范围大大提高了对保护森林、关爱自然重要性的认识，促进了生态意识和生态文明理念的形成。天然林为生态文化建设提供了自然及社会基础，通过发展森林文化、生态旅游文化、绿色消费文化，弘扬人与自然和谐相处的核心价值观，形成尊重自然、热爱自然、善待自然的良好氛围，达到全社会对生态文明的认知认同，也产生了重要的国际影响，赢得了国际社会广泛关注和高度赞誉。

9.3 京津风沙源治理工程

京津风沙源治理工程是党中央、国务院为改善和优化京津及周边地区生态环境状况、减轻风沙危害、紧急启动实施的一项具有重大战略意义的生态建设工程。21世纪初，京津乃至华北地区多次遭受风沙危害，特别是2000年春季，我国北方地区连续12次发生较大的浮尘、扬沙和沙尘暴天气，其中有多次影响首都。其频率之高、范围之广、强度之大，为50年来所罕见，引起党中央、国务院高度重视，倍受社会关注。

国务院领导在听取了原国家林业局对京津及周边地区防沙治沙工作思路的汇报后，亲临河北、内蒙古视察治沙工作，指示：“防沙止漠刻不容缓，生态屏障势在必建”，并决定实施京津风沙源治理工程。

2000年启动试点，2002年国务院批复规划，京津风沙源治理工程全面展开。工程范围涉及北京、天津、河北、山西、内蒙古5个省（自治区、直辖市）的75个县（旗、区）。截至2012年4月，国家已累计安排资金479亿元，其中中央预算内投资209亿元，中央财政专项资金270 亿元。工程建设累计完成营造林752.61万公顷（其中退耕还林109.47万公顷），治理草地933万公顷，建设暖棚1100万平方米，配备饲料机械12.7万套，开展小流域综合治理1.54万平方千米，建设节水灌溉和水源工程21.3万处，易地搬迁18万人。

二期工程期为2013～2022年，建设范围在一期的基础上适当西扩，西起内蒙古乌拉特后旗，东至内蒙古阿鲁科尔沁旗，南起陕西定边县，北至内蒙古东乌珠穆沁旗。涉及北京、天津、河北、山西、陕西及内蒙古6个省（自治区、直辖市）的138个县（旗、市、区）。主要建设任务为：林草植被保护3103.28万公顷，林草植被建设665.83万公顷，工程固沙37.15万公顷，小流域综合治理2.11万平方千米，合理建设草地74万公顷，易地搬迁37.04万人，以及配套水利和农业基础设施建设。二期总投资为877.92亿元，其中，基本建设投资694.56亿元（含中央投资398.94亿元），财政资金183.36亿元（全部为中央财政资金）。

经过十多年建设，京津风沙源治理工程治理成效非常显著：

工程区森林面积增加。据资源清查与监测，工程区森林面积年均净增37万公顷；森林覆盖率年均增长0.8个百分点。

风沙天气明显减少。工程区已由沙尘天气发生发展过程中的加强区变为减弱区。据统计，2000～2002年北京市沙尘天气发生次数均在13次以上，减少到2010～2012年的4次、3次、2次， 2014年未发生沙尘天气。

沙化土地明显减少。据第四次全国荒漠化和沙化监测，工程区固定沙地面积增加9.5万公顷，增加了1.75%；流动沙地面积减少10.29万公顷，减幅达30.68%。

经济效益日益凸显。通过大力发展特色林果、林下种养、生态旅游等产业，拓宽了农民增收致富门路，初步实现了生态建设和经济发展的良性互动。内蒙古多伦县依托京津风沙源治理工程，建成6.67万公顷樟子松基地，参与工程建设的农民人均收入超过4万元。2011年以来，全县累计出售苗木款1.2亿元，覆盖2569户，户均增收4.6万元。

社会效益明显。工程对区域经济发展的贡献率保持在25%左右，工程区域经济社会可持续发展指数达到71.2。

9.4 沿海防护林体系建设工程

该工程是构筑沿海地区生态安全屏障的重大生态工程。我国沿海地区经济发达、人口密集、企业众多，是带动经济社会快速发展的“火车头”和“驱动器”，生态区位十分重要。由于受地理位置和自然条件等因素影响，沿海地区又是台风、风暴潮、海啸、海雾等自然灾害频发地区，灾害发生严重威胁着当地经济发展和人民群众生命财产安全。

1988年，国家计划委员会批复《全国沿海防护林体系建设工程总体规划》，启动全国沿海防护林体系建设一期工程。范围包括辽宁、天津、河北、山东、江苏、上海、浙江、福建、广东、广西、海南11个省（自治区、直辖市）的195个县（市、区）。2000年，国家林业局又启动二期工程建设。2004年印度洋海啸发生后，根据国务院指示，国家林业局及时组织对原规划进行了修编，工程建设按照修订后的《全国沿海防护林体系建设工程规划（2000—2015年）》实施。规划范围扩大到包括辽宁、天津等11个省（自治区、直辖市）及大连、青岛、宁波、深圳、厦门5个计划单列市的259个县（市、区）。

建设目标是：至2015年，森林覆盖率达到37.3%，林木覆盖率37.8%，基干林带达标率92.3%，红树林恢复率95.1%，造林保存率90%以上，农田林网控制率85.0%，村屯绿化率90.0%，建成与沿海地区经济社会发展水平相适应、生态功能完善的海岸保护发展带，基本建成生态结构稳定、防灾减灾功能强大的生态防护林体系。2015年，国家林业局又组织开展了《全国沿海防护林体系建设工程规划（2016—2025年）》编制工作。

经过20多年长期不懈努力，沿海防护林体系建设取得显著成效，完成造林超过800万公顷，工程区森林覆盖率达到了36.9%，提升了2个百分点，发挥了明显的生态、经济和社会效益。

防护林体系框架基本形成。新造、更新海岸基干林带17478千米，初步形成以村屯和城镇绿化为“点”、以海岸基干林带为“线”、以荒山荒滩绿化和农田林网为“面”的点、线、面相结合的沿海防护林体系框架。

生物多样性更加丰富。工程区现有红树林成林面积29.9万公顷，建立29处红树林自然保护区，其中海南东寨港等5处红树林类型湿地被列入国际重要湿地名录，一大批濒危物种得到有效保护，野生动植物种群数量明显回升。

人居环境显著改善。沿海防护林体系建设结合区域绿化美化，加快城乡绿化一体化进程，极大地改善了沿海地区的人居环境。特别是很多滨海城市已经成为林带纵横、绿树成荫、人居适宜、经济繁荣的现代化城市，提升了我国城市的建设水平。随着沿海生态环境的改善，沿海防护林体系建设工程区年森林旅游达到1.3亿人次，比2000年增加1亿人次。

综合效益充分发挥。经测算，沿海防护林体系工程建设年综合效益总价值达到12697亿元，其中生态效益价值8185亿元、经济效益价值4492亿元、社会效益价值20亿元。

9.5 长江流域等防护林体系建设工程

长江流域横跨中国东部、中部和西部三大经济区共计19个省（自治区、直辖市），流域总面积180万平方千米，占国土面积的18.8%，流域人口占全国的38.5%，经济总量占全国的45%以上，在国家经济社会发展全局中具有重要战略地位，生态区位十分重要。

据历史记载，长江流域森林覆盖率曾达到50%以上，到20世纪60年代初期下降到10%左右，1989年森林覆盖率提高到19.9%，但森林资源总量不足，质量不高。20世纪50年代，长江流域水土流失面积为36万平方千米，到80年代达62万平方千米，年土壤侵蚀量达24亿吨，全流域每年损失的水库库容量近12亿立方米。

为改善长江流域生态环境，提升抵御灾害能力，1989年6月，国家计划委员会批准《长江中上游防护林体系建设一期工程总体规划》。工程覆盖安徽、江西等12个省（直辖市）的271个县（市、区），土地面积160万平方千米，占流域面积的85%。到2000年，一期工程建设圆满完成，工程区森林植被得到有效恢复。21世纪之初，国家批复并实施《长江流域防护林体系建设二期工程规划（2001—2010年）》，工程区包括长江、淮河流域17个省（自治区、直辖市）的1035个县（市、区），总面积216.2万平方千米。通过10年的努力，二期工程建设取得更为明显的生态、经济和社会效益，累计完成造林352.3万公顷，其中人工造林162.8万公顷，封山育林183.5万公顷，飞播造林6万公顷，工程区内森林覆盖率提升4.7%，林分结构得到优化，林地生产力和生态防护功能显著提高。流域水土流失面积逐年下降，滑坡、泥石流灾害明显减轻，生物多样性明显改善，有效抑制钉螺孳生，减少血吸虫滋生场所。工程区人民群众通过参加造林、护林，增加了现金收入，一大批农户通过直接参加工程建设和大力发展经济林果走上致富之路。

2013年，为有效巩固长防工程一、二期工程建设成果，进一步恢复长江流域森林植被、涵养水源、保持水土，维护长江流域的生态安全和人民安康，国家林业局发布实施《长江流域防护林体系建设三期工程规划（2011—2020 年）》。规划范围覆盖长江流域17个省（自治区、直辖市）的1026个县（市、区），总面积220.6万平方千米。与二期工程相比，增加福建省“六江二溪”源头32个县（市）和西藏雅鲁藏布江流域28个县（区），上海市不再纳入工程区范围。综合考虑长江流域经济社会条件，三期工程规划把工程区分为16个重点治理区。规划总投资1257.9亿元。建设任务包括人工造林361.6万公顷、封山育林907.3万公顷、飞播造林9.2万公顷。规划到2020年，增加森林面积379.3万公顷，森林覆盖率达到39.3%，比规划实施前提升1.3%。同时，初步构建完善长江流域生态防护林体系，把长江流域建设成为我国重要的生物多样性富集区、森林资源储备库和应对气候变化的关键区域。

9.6 珠江流域防护林体系建设工程

珠江是我国七大河流之一，流经云南、贵州、广西、广东、湖南、江西6个省（自治区），流域总面积44.2万平方千米，与长江航运干线并称为我国高等级航道体系的“两横”，是大西南出海最便捷的水道。珠江三角洲是我国人口集聚最多、综合实力最强地区之一。珠江下游的香港和澳门是我国的两颗“明珠”。由于地理原因，香港和澳门特区对珠江水源的依赖度比较高。整个珠江流域生态区位十分重要。

为增加流域森林植被，有效治理石漠化和水土流失，增强抵御旱涝等灾害能力，加快区域生态建设，国家于1996年开始实施《珠江流域综合治理防护林体系建设工程总体规划（1993—2000年）》《珠江流域防护林体系建设工程二期规划（2001—2010年）》。一期规划工程区涉及56个县，二期规划工程区增加到包括珠江流域6个省（自治区）的187个县（市、区）。整个二期工程国家和地方共投入资金18.6亿元，累计完成营造林95.45万公顷，其中人工造林47.4万公顷、封山育林39.0万公顷、飞播造林500公顷、低效林改造9万公顷，取得明显的生态、经济和社会效益。

工程区森林资源增幅明显，截至2010年，工程区有林地面积达到1913.3万公顷，森林蓄积量8.3亿立方米，森林覆盖率达到56.8%，分别比2000年增加108.2万公顷、2.7亿立方米和12%。

流域森林面积的增加，增强了其保持水土、涵养水源及减少洪灾、泥石流、滑坡等自然灾害的能力。西江流域（包括南盘江、北盘江）、北江流域土壤侵蚀量明显下降。广东省东江、西江、北江中上游水质保持在Ⅱ类以上，新丰水库等大型水库水质保持在Ⅰ类水质标准。同时，各地坚持以防护林建设为主体，生态建设与经济发展统筹兼顾，依托工程建设培植了一批林业产业基地，产生了较好的经济效益，促进了农民脱贫致富。贵州省工程区林农年均纯收入由2000年的1327元提高到2009年的2541元，增加91.5%。

在“十二五”期间，国家林业局在前两期建设的基础上，又组织编制、实施了《珠江流域防护林体系建设工程三期规划（2011—2020年）》，将工程建设范围扩大到6个省（自治区）37个市（州）215个县（市、区），土地面积达到4166.7万公顷，分为五大治理区8个重点建设区域，重点加强水土流失和石漠化

的治理，并在保护现有植被的基础上，加快营林步伐，提高林分质量
保土蓄水功能。工程建设规模392.6万公顷，其中人工造林94.9万公
林166.6万公顷、低效林改造131.1万公顷。到2020年，工程区新
万公顷，森林覆盖率提高到60.5%以上，森林蓄积量由8.9亿立方米提
立方米，低效林得到有效改造，林种、树种结构进一步优化，各类防护林面积由1026.7万公顷增加到1248.8万公顷，森林保持水土、涵养水源、防御洪灾与泥石流等自然灾害的能力显著增强，水域水质有所提升，有效保证珠江流域流经区域特别是香港、澳门特区的饮用水安全。

9.7 平原绿化工程

平原地区是我国重要的粮、棉、油等生产基地，土地面积、耕地面积和人口分别占全国的22.3%、47.9%和43.8%。在国民经济建设和社会发展中具有极其重要的地位。

历史上，我国平原地区森林植被稀少，干旱、洪涝、风沙和霜冻等自然灾害频发，水土流失、土地沙化情况严重。1998年前做了大量而卓有成效的工作，如，林业部先后召开8次全国平原绿化会议，研究推动平原绿化工作；先后颁布了《华北中原平原县绿化标准》《南方平原县绿化标准》《北方平原县绿化标准》；编制了《全国平原绿化“五、七、九”达标规划》《1989—2000年全国造林绿化规划纲要》等。

在已有基础上，2006年，国家林业局组织编制并实施了《全国平原绿化工程建设规划（2000—2010年）》，建设范围涉及26个省（自治区、直辖市）的958个县（市、区、旗）。造林绿化总任务427.5万公顷，包括新建农田防护林带36.5万公顷，改良提高已有林带84.8万公顷，园林化乡镇建设21.2万公顷，村屯绿化78.9万公顷，荒滩、荒沙和荒地绿化206.2万公顷，工程总投资达188.4亿元。截至2010年，“五、七、九”平原绿化达标规划和二期平原绿化工程规划的实施使平原地区生态明显改善。平原地区森林覆盖率由1987年的7.3%提高到15.8%，增加8.5个百分点；基本农田林网控制率由1987年的59.6%增加到79%，初步建立起

著增加，村镇人居环境得到有效改善。

《全国新增1000亿斤粮食生产能力规划（2009—2020年）》把农田防护林体系建设列为重要保障措施之一。《全国现代农业发展规划（2011—2015年）》把农田防护林建设列为我国“十二五”期间现代农业发展的重点任务和重点工程之一。《林业发展“十二五”规划》把构筑平原农区生态屏障列为升级平原绿化的重要目标。《全国平原绿化三期工程规划（2011—2020年）》规划范围覆盖24个省（自治区、直辖市）923个平原、半平原和部分平原县（市、区、旗），以全国粮食主产省和粮食主产区为重点建设区域，分六大片，通过加快农田防护林网建设和村镇绿化，开展退化林带的生态修复和中幼龄林带抚育，切实提升平原农区防护林体系综合功能。规划总投资457.8亿元，建设任务包括人工造林492.4万公顷，修复防护林带128.1万公顷，农林间作85.9万公顷。规划到2020年，平原地区森林覆盖率达到18.7%；林木绿化率达到20.4%，增加2.3%；基本农田林网控制率达到95%以上。

通过三期建设，在全国平原地区建立起比较完善的农田防护林体系，实现等级以上公路、铁路、河流等沿线全面绿化，平原地区的森林质量得到有效改善，广大农田得到有效庇护，区域木材及林产品供给显著增加，切实保障国家到2020年比2008年增加500亿千克粮食产量目标的超额实现（根据国家统计局公布，2020年全国粮食总产量6695亿千克，比2008年5285亿千克增加1410亿千克）。

9.8　湿地保护与恢复工程

为扭转湿地大面积退化、萎缩的生态问题，中央多次发文要求启动退耕还湿、湿地生态修复、华北地下水超采漏斗区综合治理等工作，完善森林、草原、湿地、水土保持等生态补偿制度，实施湿地生态效益补偿、湿地保护奖励试点和沙化土地封禁保护区补贴政策。

2002年，国务院批复了《全国湿地保护工程规划（2002—2030年）》。2005年，国务院批复了《全国湿地保护工程实施（2005—2010年）》。2012年，国务院批复了《全国湿地保护工程“十二五”实施规划》，全面启动湿地保护与恢复工程。

“十一五”规划总投资90亿元，中央投资42亿元，实际实施项目205个。通过项目实施，全国恢复湿地79162公顷，湿地污染防治面积2093公顷。

“十二五”规划总投资129.87亿元，中央投资55.85亿元，其中，中央预算内投资40.5亿元，财政投资15.30亿元，规划项目738个，项目区湿地面积324万公顷。实际恢复湿地98473公顷。

2010年，财政部设立了湿地保护补助资金专项，主要用于监测监控设备购买维护、退化湿地修复、聘用管护人员等方面。2010～2013年，中央财政共投入资金8.5亿元，支持实施湿地保护补助项目325个，覆盖了全国所有省份。项目的实施，提高了基层湿地保护管理机构的管理能力，改善了湿地的生态状况。2014年，中央财政将湿地保护补助政策扩大为湿地补贴政策，出台了资金管理办法，新增了湿地生态效益补偿试点、退耕还湿试点、湿地保护奖励试点三个支持方向，2014年补贴资金达16亿元，比2013年增加了5.4倍。

9.9 岩溶地区石漠化综合治理工程

石漠化是指在热带、亚热带湿润、半湿润气候条件和岩溶发育良好的自然背景下，受人为活动干扰，使地表植被遭受破坏，导致土壤严重流失，基岩大面积裸露或砾石堆积的土地退化现象，是岩溶地区土地退化的极端形式。

2008年2月，国务院批复了《岩溶地区石漠化综合治理规划大纲（2006—2015年）》。治理区包括贵州、云南、广西、湖南、湖北、四川、重庆、广东8个省（自治区、直辖市）的451个县（市、区）。2003年，国家安排专项资金在100个石漠化县开展试点工程，到2014年已有314个县（占总县数的2/3）正式启动。从2008～2015年国家已投资119亿元，植树造林投资份额占48%，体现以林业为主体的综合治理路线。

规划到2015年，完成石漠化治理面积7万公顷，占工程区石漠化总面积的54%；新增林草植被面积942万公顷，植被覆盖度提高8.9个百分点；建设和改造坡耕地77万公顷，每年减少土壤侵蚀量2.8亿吨。工程涉及林业建设任务822.65万公顷，农业建设任务119.5万公顷，以及畜种改良152.51万头，建设棚圈、饲草机械、青贮窖等；坡改梯建设规模7.1万公顷，并配套建设田间生产道路、沟道等水土保持设施；安排建设泉点引水4.3万千米，安排沼气池、节柴灶、太阳能、小型水电等建设。

2008～2010年，启动实施了100个县的石漠化综合治理试点工程，2011年开始由试点阶段转入重点县治理阶段，2011年重点治理县扩大到200个县，2012年扩大到300个县，2014年扩大到314个县。

石漠化综合治理工程自2008年试点启动以来，累计完成营造林188.8万公顷，石漠化扩展势头得到初步遏止，由过去持续扩展转变为净减少。据第二次全国石漠化监测结果显示，我国石漠化土地面积为1200.2万公顷，与第一次石漠化监测结果相比，年均减少16万公顷，石漠化土地净减少9万公顷。

工程实施对提升生态效益明显。据监测，治理区林草植被盖度提高，生物量明显增加，植被生物量比治理前净增115万吨。群落植物丰富度提高，生物多样性指数从治理前的0.735提高到了1.521。贵州省治理区植被覆盖度提高5.61%，生态向良性方向发展。云南省累计新增森林面积13万公顷，森林覆盖率增加2.8个百分点，约新增森林蓄水量4877.36万立方米，约减少土壤流失量780.38万吨。四川省森林覆盖率提高1.4个百分点，每年减少土壤侵蚀量49.2万吨，每年新增土壤蓄水能力79.2万立方米。重庆市累计减少土壤侵蚀量0.05亿吨，涵养水源0.57亿吨，增加林草生物量49.13万吨，固定二氧化碳409.37万吨，释放氧气39.04万吨。

工程实施有效提高经济效益。石漠化综合治理过程中，各地在抓好植被恢复的同时，兼顾后续产业，发展了一批特色林果业、林草种植与加工业、生态旅游业、林下种植养殖业，促进了百姓增收。湖北省28个重点治理县2014年农民人均纯收入达8765元，比2007年的2370元增长270%，年均增长38%。

工程实施的社会效益显著。探索了一条“封、造、改、迁、建、扶”的石漠化综合治理路子。通过工程建设，改善了当地生态质量，营造了良好的投资和发展环境，为构建和谐新农村起到了带动示范作用。

9.10 速生丰产林建设工程

进入20世纪90年代后我国木材消费进入快速增长期，进口量逐年递增。当时，中幼龄林的面积和蓄积量分别占全部林分的71%和41%，全国近60%的木材采伐利用来自中幼龄林，木材供给能力持续下降。森林资源的质量和数量均远不能满足生产和生活的需要。同时，由于供应紧缺，乱砍滥伐对生态敏感区带来严重破坏，生态安全经受的挑战日益严重。在这一背景下，中央从战略高度提出建设速丰林工程是林业实现由采伐天然林为主向采伐人工林为主转变的必然选择，是促进农村经济结构调整和群众脱贫致富、从根本上调动林农积极性、应对加入WTO以后面临的国际竞争的根本出路。

我国速生丰产用材林建设起步于20世纪70年代初，到了80年代中期发展加快。1988年国家计委批准了林业部制定的《关于抓紧一亿亩速生丰产用材林基地建设报告》，1989年国务院批准实施《1989—2000年全国造林绿化规划纲要》，将速生丰产用材林基地建设推向一个新的高潮。截止到1997年，我国速生丰产用材林基地建设累计保存面积约533.3万公顷，其中1989～1997年共建速生丰产用材林416.7万公顷。浙江、安徽、福建、江西、湖北、广东、广西、四川、贵州、湖南10个省（自治区）造林面积较大，占总面积的70%以上。其后随着我国速生丰产用材林基地建设布局的调整和扩大，河北、内蒙古、山东、黑龙江、辽宁、河南、云南、山西、甘肃、宁夏、新疆等省（自治区）的速生丰产用材林造林面积也在迅速增加。就地域来看，速生丰产用材林基地集中分布于20大片和5小片的基地群内。建设初期，基地建设布局限于南方12个省的212个县，在造林树种的选用上，以杉木为主，树种比较单一。随着我国速生丰产用材林经营目标的多样化，造林树种也逐渐丰富起来，主要包括杉、松、杨、泡桐和桉树等树种，这些树种占速生丰产用材林造林总面积的70%～80%左右。随着经营技术和管理水平不断提高，从后期林分生长状况看，速生丰产用材林一般都好于其他类型人工林。我国利用世行贷款营造的速生丰产用材林，造林质量都达到或超过部颁标准，受到世行专家的好评。早期营造的速生丰产用材林已逐步进入成熟期，正在成为可观的木材供给储备，经济效益也日益明显，对缓解我国木材供需矛盾具有重要作用。

2002年，国务院正式批复了《重点地区速生丰产用材林基地建设工程》总体规划。工程建设范围主要是在400毫米等雨量线以东，自然条件优越、立地条件好、地势较为平缓、不易造成水土流失、不会对生态环境构成不利影响的18个省（自治区），包括黑龙江、吉林、辽宁、内蒙古、河北、河南、山东、江苏、安徽、浙江、江西、福建、湖南、湖北、广东、广西、海南和云南的886个县（市、区）、114个林业局（场）。此外，西部的一些省份也有部分自然条件优越、气候适宜的商品林经营区，根据需要，也可适量发展速丰林基地。

按照自然条件、造林树种、培育周期和培育措施等因素，速丰林工程又分为热带与南亚热带的粤桂琼闽地区、北亚热带的长江中下游地区、温带的黄河中下游地区和寒温带的东北内蒙古地区四大区域。发展重点有所区别：粤桂琼闽地区包括广东、广西、海南和福建4个省（自治区），发展重点是培育以桉树、相思树和松类为主的纸浆原料林，以松类为主的人造板原料林及以桃花心木、柚木、西南桦等珍贵大径级用材林；长江中下游地区包括江苏、安徽、浙江、江西、湖南、湖北等省，以及云南省的思茅地区，发展以杨树、松类、竹类为主的纸浆原料林和人造板原料林，以及以楠木、樟树为主的大径级用材林；黄河中下游地区包括黄河流域的河南、河北、山东三省以及淮河、海河流域的豫东、冀中、冀南、鲁西地区，发展方向是培育以杨树为重点的纸浆原料林和人造板原料林；东北、内蒙古地区包括黑龙江、吉林、内蒙古大兴安岭和大兴安岭林业公司等国有林区，以及黑龙江、吉林、辽宁的集体林区，发展方向是以杨树、落叶松为主的纸浆原料林和人造板原料林，以及以红松、水曲柳等珍贵阔叶树为主的大径级用材林。

根据《林业发展第十个五年计划》，以及我国纸张、纸板、木浆和人造板对木材原料的需求预测，同时考虑到速生丰产林基地建设的可能，速丰林基地建设总规模为1333万公顷，建设项目99个。其中包括三种用材林基地：纸浆材基地为586万公顷，建设项目39个；人造板材基地497万公顷，建设项目50个；大径级材基地250万公顷，建设项目10个。在总规模中，新造人工林618万公顷，改培现有林715万公顷。全部基地建成后，每年可生长林分蓄积量19958万立方米，出材13337万立方米，可满足国内生产用材需求量的40%，加上现有森林资源的采伐利用，使国内木材供需基本趋于平衡。

整个工程建设期为2001～2015年。分两个阶段、共三期实施：至2005年，建设速丰林基地469万公顷，每年可提供木材4905万立方米；至2010年，建设速丰林基地920万公顷，每年可提供木材9670万立方米；至2015年，建设速丰林基地1333万公顷，每年可提供木材13337万立方米。

根据国家林业局对18个重点省（自治区、直辖市）的初步统计，截止到2007年底，重点地区速生丰产用材林基地建设工程累计完成速生丰产用材林营造任务574万公顷。龙头企业和造林大户农户成为工程建设的主体，纸浆原料林、人造板原料林、大径级用材林、其他工业原料林成为造林重点。

工程建设机制创新成效显著。创立了以林业产业化龙头企业为主体，多种所有制、多种经营形式参与，多种利益联结参与商品林业经营，建设林纸、林板、大径级用材林、竹产业基地，以基地带动农户发展的新模式。通过收购、租赁、联营、合资、合作、承包等形式营造速生丰产林，生产要素逐步向林业建设集中，形成了以社会投入为主、国家扶持为辅的营造林新机制。极大地支持了纸浆、人造板等产业的可持续发展，为解决我国纤维材供应，保障木材和林产品安全作出了重大贡献。

对确保生态安全，避免或减缓乱砍滥伐对公益林造成的破坏产生了深远而积极的意义。解决木材供需矛盾是保护天然林资源的关键。实施天然林保护工程后，长江上游、黄河中上游已全面停止天然林商品性采伐，东北、内蒙古等重点国有林区大幅度调减木材产量。木材的供需矛盾进一步加剧，对外依存度超过50%，产业安全形势严峻。用较少的土地，高投入、高产出，实行高度集约化经营，大力营造速生丰产用材林、短周期工业原料林，增加木材和林产品的供给，为解决我国木材供需矛盾，实现由采伐天然林为主向采伐人工林为主的转变，顺利推进天然林保护和其他生态工程顺利实施奠定了坚实的基础。

工程建设质量和效益明显提高。工程建设通过选育新品种、运用新技术，实行集约经营和定向培育，缩短了林木培育周期，提升了林木经营管理水平，建设质量和效益显著提高，呈现出良好的发展势头。

有力地促进了新农村建设，增加了农民收入。不论企业造林还是大户造林，从整地、栽植、培育、管护等过程，都要发生大量劳务费，从而增加了农民收入和就业机会。农民通过参与速丰林建设，走上了富裕之路，加快了脱贫致富步伐。

9.11　国家储备林基地建设

国家储备林建设是解决用材和木材供应安全问题的商品林属性的重点工程，也是速生丰产林工程的升级版。中共中央《生态文明体制改革总体方案》要求，加强对国家储备林建设科学指导，原国家林业局组织编制了《国家储备林建设规划（2016—2020年）》。规划到2020年，在四大区域18个基地，通过人工林集约培育、现有林改造培育、中幼龄林抚育，建设国家储备林基地1400万公顷。基地建成后，预计每年平均蓄积量增加1.42亿立方米，折合年木材生产能力9500万立方米。

为落实中央一号文件精神，加快国家储备林建设，原国家林业局与财政部联合下发了《关于做好国家储备林建设工作的通知》，明确了政策支持的重点。

专项资金。中央财政每年安排资金，用于国家储备林新造林、改培和抚育等支出。良种、病虫害防治、森林防火方面也要重点支持国家储备林建设。国家储备林建设贷款按照中央财政林业贴息政策贴息，地方视情况给予积极支持。

金融政策。开发性金融机构提供国家储备林建设贷款，期限25～30年，宽限期8年，贷款利率为基准利率，提供长周期、低成本的资金支持。

PPP 模式。运用政府和社会资本合作（PPP）模式，吸引社会资本投入国家储备林建设。培育政府和社会资本的长期平等合作关系，优先选择具备稳定现金流和一定财力保障的项目开展PPP 模式试点，通过政府付费或补贴等方式保障社会资本获得合理收益，运用PPP模式吸引社会资本、转变政府职能、激发市场活力，提升国家储备林建设的质量和效益。

2012年，国家林业局在水、光、热等自然条件良好的南方7个省（自治区），以国有林场为主体，启动国家储备林建设试点。2014年，将建设范围扩大到广西、湖南、福建等15个省（自治区、直辖市），划定国家储备林100万公顷。截至2017年，中央财政共安排资金17.36亿元，用于国家储备林造林改培、抚育和基础设施建设，完成建设面积130万公顷。

为确保国家储备林建设落实到山头地块，2015年6月，国家林业局在福建、江西等7个重点省（自治区），组织开展了首次国家储备林划定、人工林集约培育、现有林改造培育及中幼龄林抚育成果核查工作，抽查面积4万公顷。2015年11月，全面完成核查工作。

国家林业局与国家开发银行开展战略合作、创新国家储备林投融资机制。首个试点省（自治区）广西一期建设50万公顷国家储备林，贷款100亿元，2015年9月17日通过国开行总行贷委会评审。该项目贷款期限27年、宽展期8年，目前是我国林业发展史上利用国内政策性贷款规模最大、贷款期限最长的建设项目。同时，也积极推进与中国农业发展银行开展国家储备林建设合作。

工程借鉴世行贷款造林项目经验，总结桉树等速生树种高效培育、杉木等一般树种大径材培育和楠木等珍稀树种混交林改培等43种模式和57个案例，编制《国家储备林树种目录》，发布《国家储备林现有林改培技术规程》，探索建立国家储备林培育经营标准体系，组织制订《国家储备林制度方案》。

10　黄河流域翻开新篇章

10.1　历史上的黄河流域

10.1.1　黄河的历史地位

千百年来，奔腾不息的黄河同长江一起，哺育着中华民族，孕育了中华文明。早在上古时期，炎黄二帝的传说就产生于此。在我国5000多年文明史上，黄河流域有3000多年是全国政治、经济、文化中心，孕育了河湟文化、河洛文化、关中文化、齐鲁文化、河东文化等，分布有郑州、西安、洛阳、开封等古都，诞生了“四大发明”和《诗经》《老子》《史记》等经典著作。九曲黄河，奔腾向前，以百折不挠的磅礴气势塑造了中华民族自强不息的民族品格，是中华民族坚定文化自信的重要根基。

黄河流域构成我国重要的生态屏障，是连接青藏高原、黄土高原、华北平原的生态廊道，拥有三江源、祁连山等多个国家公园和国家重点生态功能区。黄河流经黄土高原水土流失区、五大沙漠沙地，沿河两岸分布有东平湖和乌梁素海等湖泊、湿地，河口三角洲湿地生物多样性丰富。黄河流域自然景观壮丽秀美，沙漠浩瀚，草原广布，峡谷险峻，壶口瀑布更是气势恢宏。

黄河流域是我国重要的经济地带，黄淮海平原、汾渭平原、河套灌区是农产品主产区，粮食和肉类产量占全国1/3左右。黄河流域又被称为“能源流域”，煤炭、石油、天然气和有色金属资源丰富，煤炭储量占全国一半以上，是我国重要的能源、化工、原材料和基础工业基地。

黄河流域是多民族聚居地区，主要有汉、回、藏、蒙古、东乡、土、撒拉、保安等民族，其中少数民族占10%左右。由于历史、自然条件等原因，黄河流域经济社会发展相对滞后，特别是上中游地区和下游滩区，是我国贫困人口相对集中的区域。

黄河流域属于资源性缺水的流域，仅占全国2%的河川径流量，多年平均天然径流量580亿立方米，却承担着全国12%的人口、15%的耕地和沿河50多座大中城市的供水任务。

历史上，黄河三年两决口、百年一改道。自公元前2000年至1985年的3985年中，中国发生较大的水灾有1029年，其中黄河流域发生较大的水灾有617年。历史上黄河下游决溢频繁，自公元前602年至1938年的2540年中，决口泛滥的年份达543年，甚至一场洪水多处决溢，总计决溢1590次，大改道5次，灾害之惨烈，史不绝书。这5次大改道是：公元前602年（周定王五年）河决宿胥口；公元11年（王莽始新中国成立三年）河决魏郡元城；1048年（宋仁宗庆历八年）河决濮阳商胡埽；1128年（南宋建炎二年）杜充决河以阻金兵；1855年（清文宗咸丰五年）河决铜瓦厢。

10.1.2 黄河流域的生态问题

长期以来，由于自然灾害频发，特别是水害严重，给沿岸百姓带来深重灾难。黄河流域的水灾主要是洪水在黄河下游的决溢泛滥，但是在区域持续暴雨下，中上游山洪暴发亦常造成局部洪灾。古人称大雨“三日以往为霖，平地尺（雪）为大雪”，因此持续降水成灾亦同时记之。

封建社会战争和军阀混战时期，更是人为导致黄河决口12次。1938年6月，国民党军队难以抵抗日军机械化部队西进，蒋介石下令扒决郑州北侧花园口大堤，导致44个县、市受淹，受灾人口1250万，5400平方千米黄泛区饥荒连年，当时灾区的悲惨状况可以用“百里不见炊烟起，唯有黄沙扑空城”来形容。

“黄河宁，天下平。”从某种意义上讲，中华民族治理黄河的历史也是一部治国史。自古以来，从大禹治水到潘季驯“束水攻沙”，从汉武帝“瓠子堵口”到康熙帝把“河务、漕运”刻在宫廷的柱子上，中华民族始终在同黄河水旱灾害作斗争。但是，长期以来，受生产力水平和社会制度的制约，再加上人为破坏，黄河屡治屡决的局面始终没有根本改观，黄河沿岸人民的美好愿望一直难以实现。

尽管新中国治黄工作取得显著成效，但黄河流域一些突出困难和问题仍在。

一是洪水风险依然是流域的最大威胁。小浪底水库调水调沙后续动力不足，水沙调控体系的整体合力无法充分发挥。下游防洪短板突出，洪水预见期短、威胁大；“地上悬河”形势严峻，下游地上悬河长达800千米，上游宁蒙河段淤积形成新悬河，现状河床平均高出背河地面4～6米，其中新乡市河段高于地面20米；299千米游荡性河段河势未完全控制，危及大堤安全。下游滩区既是黄河滞洪沉沙的场所，也是190万群众赖以生存的家园，防洪运用和经济发展矛盾长期存在。河南、山东居民迁建规划实施后，仍有近百万人生活在洪水威胁中。

二是流域生态环境脆弱。黄河上游局部地区生态系统退化、水源涵养功能降低；中游水土流失严重，汾河等支流污染问题突出；下游生态流量偏低、一些地方河口湿地萎缩。黄河流域面临工业、城镇生活和农业面源三方面污染，加之尾矿库污染，使得2018年黄河137个水质断面中，劣V类水占比达12.4%，明显高于全国6.7%的平均水平。

三是水资源保障形势严峻。黄河水资源总量不到长江的7%，人均占有量仅为全国平均水平的27%。水资源利用较为粗放，农业用水效率不高，水资源开发利用率高达80%，远超一般流域40%生态警戒线。“君不见黄河之水天上来，奔流到海不复回”曾何等壮观，如今要花费很大力气才能保持黄河不断流。

四是发展质量有待提高。黄河上中游7个省（自治区）是发展不充分的地区，同东部地区及长江流域相比存在明显差距，传统产业转型升级步伐滞后，内生动力不足，源头的青海玉树州与入海口的山东东营市人均地区生产总值相差超过10倍。对外开放程度低，9个省（自治区）货物进出口总额仅占全国的12.3%。脱贫前全国14个集中连片特困地区有5个涉及黄河流域。

10.1.3 治理历史及成效

治理黄河，兴修水利，历史悠久。中国最早的灌溉工程，首推黄河流域的滮池（在今陕西省咸阳西南），《诗经》中有“滮池北流，浸彼稻田”的记载。到了战国初期，黄河流域开始出现大型引水灌溉工程。公元前422年，西门豹为邺令，在当时黄河的支流漳河上修筑了引漳十二渠，灌溉农田。公元前246年，秦在陕西省兴建了郑国渠，引泾河水灌溉4万多顷（合今21万多公顷）“泽卤之地”，“于是关中为沃野，无凶年，秦以富强，卒并诸侯”，为秦统一中国发挥了重要作用。

汉朝对农田水利更为重视，修建六辅渠和白渠，扩大了郑国渠的灌溉面积，同时在渭河上修建了成国渠、灵轵渠等，关中地区成为全国开发最早的经济区。

为了巩固边陲，从秦、汉开始实行屯垦戍边政策，在湟水流域及沿黄河的宁蒙河套平原等地，开渠灌田，使大片荒漠变为绿洲，赢得了“塞上江南”的赞誉。

为了保证长安、洛阳、开封等京都的供应，黄河中下游的水运开发历史也很悠久。

大禹治水的功绩，也包括治理黄河，大河上下，几乎到处都有大禹的“神工”。春秋战国以后，治河的文献记载逐渐增多，留存下来大量珍贵的史料。

早在春秋战国时期，黄河下游已普遍修筑堤防。公元前651年，春秋五霸之一的齐桓公“会诸侯于葵丘”，提出“无曲防”的禁令，解决诸侯国之间修筑堤防的纠纷。在此后漫长的历史时期，伴随着黄河频繁的决溢改道，防御黄河水患成为历代王朝的大事，投入大量人力、财力，不断堵口、修防。西汉时期，已专设有“河堤使者”“河堤谒者”等官职，沿河郡县长官都有防守河堤的职责，设有专职防守河堤人员，约数千人，“濒河十郡，治堤岁费且万万”，河防工程已达到相当的规模。据《汉书·沟洫志》记载，淇水口（今滑县西南）上下，黄河已成“地上河”，堤身“高四五丈”（约合9～11米），堤防也很高。《史记·河渠书》中记载，公元前109年，汉武帝令“汲仁、郭昌发卒数万人塞瓠子决”，并亲率臣僚到现场参加堵口，说明黄河堵口已经是相当浩大的工程。史书记载最早的一次大规模治河工程是公元69年“王景治河”，“永平十二年，议修汴渠”，“遂发卒数十万，遣景与王吴修渠筑堤，自荥阳东至千乘海口千里”，“永平十三年夏四月，汴渠成……诏曰：‘……今既筑堤、理渠、绝水、立门，河、汴分流，复其旧迹’”，“景虽节省役费，然犹以百亿计”。此次治河扼制了黄河南侵，恢复了汴渠的漕运，取得了良好的效果。

北宋建都开封，当时黄河水患严重，宋王朝对治河很重视，设置了权限较大的都水监，专管治河，沿河地方官员都重视河事，并在各州设河堤判官专管河事，朝廷重臣多参与治河方略的争议。这个时期治河问题引起很多人的探讨，加深了对黄河河情、水情的认识，河工技术有很大进步，特别是王安石主持开展机械浚河、引黄、引汴发展淤灌等，在治黄技术上有不少创新。

明代以后，随着社会经济发展和黄河决溢灾害加重，朝廷更为重视治河，治河机构逐渐完备。明代治河，以工部为主管，设总理河道官职直接负责，以后总理河道又加上提督军务职衔，可以直接指挥军队，沿河各省巡抚以下地方官吏也都负有治河职责，逐步加强了下游河务的统一管理。清代河道总督权限更大，直接受命于朝廷。明末清初，治河事业有了很大发展，堤防修守及管理维护技术都有了长足进步，涌现了以潘季驯、靳辅为代表的一批卓有成效的治河专家。清朝末年及民国期间，战乱不断，国政衰败，治河也陷于停滞状态。近代以李仪祉、张含英为代表的水利专家，大力倡导引进西方先进技术，研究全面治理黄河的方略，但受社会经济条件制约，始终难有建树。

纵观治黄历史，在新中国成立以前，所谓治河实际上只局限于黄河下游，而且主要是被动地防御洪灾。但是，悠久的治河历史，留下了浩繁的文献典籍，为世界上其他河流所罕见。

10.2 新中国成立后黄河治理工作

新中国成立后，党和国家对治理开发黄河极为重视，把它作为国家的一件大事列入重要议事日程。在党中央坚强领导下，沿黄军民和黄河建设者开展了大规模的黄河治理保护工作，取得了举世瞩目的成就。

从1949年开始，中央政府启动治黄工作。1950年1月25日，中央人民政府决定黄河水利委员会为流域性机构。1954年10月底提出“黄河综合利用规划”。1984年，经国务院批准，国家计委下达了《关于黄河治理开发规划修订任务书》，于1996年初完成了《黄河治理开发规划纲要》的编制工作。

新中国的治黄工作，比过去有了质的飞跃。一开始就是按照全面规划、统筹安排、标本兼治、除害兴利，全面开展流域的治理开发，有计划地安排重大工程建设。充分发挥制度优势，中央各有关部门、地方各级政府和广大人民群众，齐心协力参加治黄工作，依靠科学技术进步治理黄河。经过半个多世纪的建设，黄河上中下游都开展了不同程度的治理开发，基本形成了“上拦下排、两岸分滞”蓄泄兼筹的防洪工程体系，建成了三门峡等干支流防洪水库和北金堤、东平湖等平原蓄滞洪工程，加高加固了下游两岸堤防，开展河道整治，逐步完善了非工程防洪措施，黄河的洪水得到一定程度的控制，防洪能力比过去显著提高。在黄河上中游黄土高原地区广泛开展了水土保持建设，采取生物措施与工程措施相互配合、治坡与治沟并举的办法，治理水土流失取得明显成效。截至1995年底，累计兴修梯田、条田、沟坝地等基本农田517万公顷，造林787万公顷，兴建治沟骨干工程854座，淤地坝10万余座，沟道防护及小型蓄水保土工程400多万处，一些地区生产条件和生态环境开始有所改善，输入黄河的泥沙逐步减少。依靠这些工程措施和广大军民的严密防守，连续50年黄河伏秋大汛没有发生洪水决溢的灾害，扭转了历史上黄河频繁决口改道的险恶局面，保障了黄淮海广大平原地区的安全和稳定发展。黄河的水资源在上中下游都得到了较好的开发利用。流域内已建成大中小型水库3147座，总库容574亿立方米，引水工程4500处，黄河流域及下游引黄灌区的灌溉面积，由1950年的80万公顷发展到1995年的713万公顷，流域内河谷川地基本实现水利化，黄河供水范围还扩展到海河、淮河平原地区。在黄河干流上于1957年开工兴建黄河第一坝——三门峡大坝，此后，相继建成了刘家峡、龙羊峡、盐锅峡、八盘峡、青铜峡、三盛公、天桥、小浪底和万家寨等水利枢纽和水电站。已建、在建的干流工程总库容563亿立方米，发电装机容量900多万千瓦，年平均发电量336亿千瓦时，约占黄河干流可开发水力资源的29%。这些水利水电工程在防洪、防凌、减少河道淤积、灌溉、城市及工业供水、发电等方面发挥了巨大的综合效益，促进了沿黄地区经济和社会的发展。人民治黄50年，除害兴利成效显著，取得了令世人瞩目的伟大成绩，充分体现了社会主义制度的优越性。

1. 水沙治理取得显著成效

防洪减灾体系基本建成，保障了伏秋大汛岁岁安澜，确保了人民生命财产安全。龙羊峡、小浪底等大型水利工程充分发挥作用，河道萎缩态势初步遏制，黄河含沙量近20年累计下降超过8成。实施水资源消耗总量和强度双控，流域用水增长过快局面得到有效控制，入渤海水量年均增加约10%，通过引调水工程为华北地区提供了水源，有力支撑了经济社会可持续发展。

2. 生态环境持续明显向好

水土流失综合防治成效显著，生态环境明显改善。三江源等重大生态保护和修复工程加快实施，上游水源涵养能力稳定提升。中游黄土高原蓄水保土能力显著增强，实现了“人进沙退”的治沙奇迹，库布齐沙漠植被覆盖率达到53%。下游河口湿地面积逐年回升，生物多样性明显增加。

3. 发展水平不断提升

郑州、西安、济南等中心城市和中原等城市群建设加快，全国重要的农牧业生产基地和能源基地的地位进一步巩固，新的经济增长点不断涌现。2014年以来，沿黄河9个省（自治区）1547万人摆脱贫困，滩区居民迁建工程加快推进，百姓生活得到显著改善。

10.3 山水林田湖草沙综合治理

党的十八大以来，党中央着眼于生态文明建设全局，明确了“节水优先、空间均衡、系统治理、两手发力”的治水思路，黄河流域经济社会发展和百姓生活发生了很大的变化。

2019年9月，习近平总书记在黄河流域生态保护和高质量发展座谈会上强调：加强生态环境保护。黄河生态系统是一个有机整体，要充分考虑上中下游的差异。上游要以三江源、祁连山、甘南黄河上游水源涵养区等为重点，推进实施一批重大生态保护修复和建设工程，提升水源涵养能力。中游要突出抓好水土保持和污染治理。水土保持不是简单挖几个坑种几棵树，黄土高原降水量少，能不能种树，种什么树合适，要搞清楚再干。有条件的地方要大力建设旱作梯田、淤地坝等，有的地方则要以自然恢复为主，减少人为干扰，逐步改善局部小气候。对汾河等污染严重的支流，则要下大力气推进治理。下游的黄河三角洲是我国暖温带最完整的湿地生态系统，要做好保护工作，促进河流生态系统健康，提高生物多样性。保护、传承、弘扬黄河文化。黄河文化是中华文明的重要组成部分，是中华民族的根和魂。要推进黄河文化遗产的系统保护，守好老祖宗留给我们的宝贵遗产。要深入挖掘黄河文化蕴含的时代价值，讲好“黄河故事”，延续历史文脉，坚定文化自信，为实现中华民族伟大复兴的中国梦凝聚精神力量。

黄河流域9个省（自治区、直辖市），按照山水林田湖草沙综合治理的理念，全面开展了流域综合治理工作。

第4篇

生态自觉 安以久动之徐生

该篇包括体制生态自觉构建内生动力源、生态问责丰富了生态文明体系两章。

◆研究宏观生态退化千年趋势大逆转的原因，发现根源在受统治阶层决定的体制因素。区域性宏观生态退化趋势的逆止是从新中国成立开始的，这种千年级趋势的止逆和乾坤扭转的动力源在思想、制度和行动的高度自觉，辅之以举国齐心和巨大投入，加上几代人持之以恒努力的结果。

◆习近平总书记问责式执政方式具有鲜明的特点，其对生态文明理念的贯彻和落实具有无可替代的作用，是习近平生态文明思想的重要组成部分，是对马克思主义生态思想的创新和发展。

11 体制生态自觉构建内生动力源

11.1 奠基阶段

新中国成立前，我国林权绝大多数为私有，可以自由买卖。1950年通过的《土地改革法》对山林权属问题做出了界定，确立了国有林和农民个体所有林。1950年第一次全国林业业务会议决定“护林者奖，毁林者罚”，各地政府积极组织群众成立护林组织，订立护林公约，保护森林，禁止乱砍滥伐。同年，政务院还颁布了《关于全国林业工作的指示》，指出林业工作的方针和任务是以普遍护林为主，严格禁止一切破坏森林的行为，在风沙水旱灾害严重地区发动群众有计划地造林。1956年10月出台《狩猎管理办法》。1957年国务院颁发《水土保持纲要》。1958年4月，中共中央、国务院发出了《关于在全国大规模造林的指示》，同月，中共中央、国务院发出了《关于加强护林防火工作的紧急指示》。1958年9月，中共中央下发了《关于采集植物种子绿化沙漠的指示》。1961年6月，中共中央作出《关于确定林权、保护山林和发展林业的若干政策规定（试行草案）》。1962年9月，国务院发布《国务院关于积极保护合理利用野生动物资源的指示》。1963年5月，国务院颁布了《森林保护条例》，这是新中国成立以后制定的第一个有关森林保护工作的最全面的法规，明确提出了保护稀有珍贵林木和狩猎区的森林以及自然保护区的森林。1967年9月，中共中央、国务院、中央军委、中央文革小组联合下发了《关于加强山林保护管理，制止破坏山林、树木的通知》。1964年，国务院批发了《水产资源保护条例》，提出了建立禁渔区对珍稀水生动植物加以保护，并规定了水域环境的保护要求；1965年，地矿部根据新的情况，专门制定《矿产资源保护试行条例》。这期间，最为重要的一项成果就是开始了自然保护区的建设。自然保护区是人类为弥补自身的环境破坏行为而采取的一种补救措施。1956年在广东省肇庆市建立了我国第一个自然保护区——鼎湖山自然保护区，明确指出该保护区以保护南亚热带季雨林为主。1957年在福建省建瓯县建立了以保护中亚热带常绿阔叶林为主的万木林自然保护区。1958年在西双版纳建立了对热带雨林、季雨林生态系统以及珍稀动物进行保护的小勐养、勐仑和勐腊3个自然保护区。与此同时，东北地区的黑龙江省伊春市建立了以保护珍贵植物红松树林为主的丰林自然保护区。1961年分别在吉林省建立了以保护温带生态系统为主的长白山自然保护区，在广西壮族自治区龙胜各族自治县与临桂县的交界地区建立了以保护珍稀孑遗植物银杉为主的花坪自然保护区等。截至1965年，我国正式建立自然保护区共19处，面积648874公顷。自然保护区的建设为自然保护事业的进一步发展奠定了坚实的基础。

这些政策措施有利于森林资源的保护和合理开发，基本建立起生态环境保护的政策和法律体系，推动了新中国林业和生态环境的发展，是体制自觉的体现，更是生态文明建设的体制动力之源。

11.2 完善阶段

这一阶段逐步提出并形成了中国特色社会主义法律体系，由生态环境保护基本法律、环境保护单项法律法规、行政规章等构成的生态环境保护法律体系，成为社会主义法治国家生态环境保护的基本方略。

十一届三中全会以后，伴随着党和国家工作重点转移，生态环境及林业建设步入正常轨道，相继出台了一系列政策，系统地构建了生态建设的法律和制度体系，如《全国人大常委会关于植树节的决议》（1979）、《关于大力开展植树造林绿化祖国的通知》（1979）、《环境保护法（试行）》（1979）、《中共中央关于加快农业发展若干问题的决定》（1979）、《中共中央国务院关于大力开展植树造林的指示》（1980）、《国务院关于坚决制止乱砍滥伐森林的紧急通知》（1980）、《中共中央国务院关于保护森林发展林业若干问题的决定》（1981）、《水污染防治法》（1984）、《森林法》（1987）、《森林法实施细则》（1987）、《中共中央国务院关于制止乱砍滥伐森林的紧急指示》（1987）、《中共中央国务院关于加强南方集体林区森林资源管理坚决制止乱砍滥伐的指示》（1987）、《大气污染防治法》（1987）、《水法》（1988）、《封山育林管理暂行办法》（1988）、《国务院关于保护森林资源制止毁林开垦和乱占林地的通知》（1988）、《环境保护法》

（1989）、《水土保持法》（1991）、《国务院办公厅转发〈林业部关于当前乱砍滥伐、乱捕滥猎和综合治理措施报告〉的通知》（1992）等等。

同时，进一步调整完善了组织体系，如，1979年，成立林业部，以加快林业发展和加强林业资源保护；1982年，成立中央绿化委员会，统一组织领导全民义务植树和国土绿化工作。1982年，组建城乡建设环境保护部，内设环境保护局；1984年，成立国务院环境保护委员会，原城乡建设环境保护部下属的环境保护局改为国家环境保护局；1988年，独立设置国家环境保护局，作为国务院的直属机构。

1991年后第三代中央领导集体发出了“全党动员，全民动手，植树造林，绿化祖国”，“再造祖国秀美山川”的号召，全国人大颁布了世界上首部《防沙治沙法》《全国生态环境建设规划》，1997年8月，又明确提出建设祖国秀美山川，把我国现代化建设事业全面推向21世纪等。

这些政策的出台、制度的建立和组织体系的完善，标志着体制生态自觉进入2.0时代，对我国生态环境和林草业的绿色健康发展，起到了积极的促进作用。

11.3　可持续发展理念与国际接轨阶段

2004年9月举行的党的十六届四中全会，通过《中共中央关于加强党的执政能力建设的决定》，首次完整提出了“构建社会主义和谐社会”的概念。2005年以后，中国共产党提出将“和谐社会”作为执政的战略任务，“和谐”的理念要成为建设“中国特色社会主义”过程中的价值取向。“民主法治、公平正义、诚信友爱、充满活力、安定有序、人与自然和谐相处”是和谐社会的主要内容。

2005年10月，党的十六届五中全会通过了《中共中央关于制定国民经济和社会发展第十一个五年规划的建议》，首次把建设资源节约型和环境友好型社会确定为国民经济与社会发展中长期规划的一项战略任务。

2007年党的十七大将“两型”社会建设提升到现代化发展更加突出的位置。“生态文明”写入党的十七大报告，这既是我国经济社会可持续发展的必然要求，也是中国共产党人对日益严峻、全球关注的资源与生态环境问题作出的庄严承诺，也首次使生态文明与社会主义物质文明、精神文明、政治文明一道成为中国特色社会主义社会文明形态的基本特征和重要组成。与此同时，党的十七大报告正式明确阐述了生态文明建设的路径、发展目标、表现方式，标志着社会主义生态文明理念的正式确立，界定了生态文明建设十分丰富、系统和深刻的内涵，即，不仅仅局限于控制污染和恢复生态，还涉及观念转变、文化转型、产业转换、体制转轨等，它是人类文明发展理念、道路和模式的重大进步，是人类社会崭新的文明形态，标志着新中国体制生态自觉进入3.0时代。

11.4 走向社会主义生态文明新时代

党的十八大把生态文明建设纳入全面建成小康社会的奋斗目标体系，并纳入“五位一体”总体布局。自此，习近平生态文明思想正式进入指导经济和社会发展的主战场，体制生态自觉跨入处于百年大变局之中国特色社会主义生态文明新时期，标志着我国生态文明建设正式步入4.0时代。

党的十九大后，对党的十七大后形成的生态文明建设和改革措施进行了全面体制优化、制度整合和机制创新。在主体架构方面，通过改革有序地发挥地方党委、地方政府、地方人大、地方政协、司法机关、社会组织、企业和个人在生态文明建设中的作用，逐步形成了生态环境共治的格局。

其中，通过权力清单的建设，确立了权责一致、终身追究的原则。通过环境保护考核、督察、督查、约谈、追责，推进了环境保护党政同责的深入实施。地方人民政府向同级人大汇报生态环境保护工作，政协参与生态环境保护工作的民主监督，检察机关通过生态环境民事公益诉讼和行政公益诉讼加强对企业和地方执法机关的司法监督，公民和社会组织在信息公开的基础上加强了对企业和执法机关的监督，生态环境保护企业特别是龙头企业通过投融资机制积极参与第三方治理，促进了生态环境质量的改善。

通过区域一盘棋的绿色发展改革，整体提升区域经济发展质量和效率，生态环境保护的社会性与自然性不断契合。促进产业结构在更大区域范围内优化、调整甚至一体化发展，京津冀、长三角、珠三角等地加强了区域交通网络建设，调整产业结构和布局，推进区域协同发展。开展“多规合一”，优化国土空间规划。上游与下游间的生态补偿以及森林、草原、湿地、荒漠、海洋、水流、耕地等重点领域和禁止开发区域、重点生态功能区等重要区域生态保护补偿正在全面建立，区域绿色发展的公平机制开始发挥效应。推进排污权交易、碳排放权交易、水权交易、用能权交易、污水和垃圾处理的第三方治理。城乡环境综合整治取得新进展，社会的文明意识和文明水平进入新阶段。在有效监管方面，通过建立健全区域环境影响评价制度和区域产业准入负面清单制度，既提高了行政审批效率，又预防和控制了区域环境风险。

树立尊重自然、顺应自然、保护自然的生态文明理念，增强“绿水青山就是金山银山”的意识；以着力推进供给侧结构性改革为主线，以建设高质量、现代化经济体系目标，坚持绿色发展、低碳发展、循环发展的实践论，旨在实现党的十九大确立的“人与自然和谐共生的现代化”，为富强民主文明和谐美丽的社会主义现代化强国奠定生态产业基础；以生态文明体制改革、制度建设和法治建设为生态文明提供根本保障，坚持党政同责、一岗双责利剑高悬，全面启动和完成生态环境保护督察，坚决打赢环境污染防治攻坚战，使我国环境保护和生态文明建设事业发生历史性、根本性和长远性转变；以强烈的问题意识、改革意识、人民意识和辩证意识，开辟了马克思主义人与自然观新境界，开辟了中国特色社会主义生态文明建设的世界观、价值观、方法论、认识论和实践论。

12　生态问责丰富了生态文明体系内涵

本章主要分析习近平总书记就某一特定生态敏感区生态为经济发展让路问题作出重要批示的几个案例。这种问责式执政方式具有习近平同志的独特风格，其对生态文明理念的贯彻和落实具有无可替代的作用，是习近平生态文明思想的创新和发展。

习近平总书记批示式问责有鲜明的特点，一是针对的都是具有重要影响的生态敏感区（点），具有很强的代表性、典型性和警示性；二是关注到底，批示到底，如果批示后效果没有达到整改预期，总书记会再过问、再批示，最后还会亲自到现场去考察查看。可以说不达目的不罢休，谁也别想糊弄过关。“我个人有个习惯，就是不说则已，说了就要过问到底，否则说的话就是废话，不如不说。”这句话出自1991年底时任福州市委书记的习近平在一次会议上的讲话。

这种问责模式对生态文明建设思想的贯彻和落实意义重大，取得很好的震慑威力。问责模式是习近平总书记生态文明思想的重要内涵之一，是生态文明思想理论与建设实践的桥梁，是总书记理论联系实际的抓手和独特风格。事实必将进一步证明，在这社会百年大变局和生态区域千年大变局时代，为中华民族伟大复兴中国梦之生态文明梦的推进和实现，产生的历史推动作用是不可估量的。

党的十八大以来，习近平总书记多次作出重要批示指示。仅2016年一年，习近平总书记关于生态环境保护的重要批示就达60多件。批示涉及众多领域和方面，其中备受外界关注的就是“查处严重破坏生态事件”。如，浙江杭州千岛湖临湖地带违规搞建设、新疆卡山自然保护区违规“瘦身”、甘肃祁连山自然保护区生态环境破坏、秦岭北麓西安段圈地建别墅、腾格里沙漠污染、青海祁连山自然保护区和木里矿区破坏性开采、陕西延安削山造城、重庆缙云山国家级自然保护区违建突出问题、长白山违建高尔夫球场和别墅项目、东辽河流域污染治理问题、洞庭湖区下塞湖非法矮围问题等等。

其中问责最早的是千岛湖临湖地带违规搞建设问题，始于其主政浙江，催生了流域上下游生态补偿新模式；影响最大的，莫过于秦岭违建别墅严重破坏生态问题，从2014年5月到2018年7月先后6次就“秦岭违建”作出批示指示，开启了将生态环境整改上升到政治生态整改的先河；代价最大的当属新疆卡山保护区违规“瘦身”问题，涉及几千亿开发区的退出，直接整改投入10亿级别；影响最深远的当属祁连山自然保护区生态破坏问题整改，首次把生态环境整改要求提高到政治高度。

12.1　千岛湖临湖地带违规搞建设

12.1.1　概况及生态敏感性

千岛湖（新安江水库）位于浙江省西部，杭州市淳安县境内，是1960年建成的新安江电站大坝拦水形成的大型水库，兼有发电、防洪、旅游、养殖、航运、饮用水源及工农业用水等多种功能。水库坝址以上的流域面积达10442平方千米。千岛湖南北长150千米，宽10千米，水面面积达580平方千米，岸线长度1406千米，大坝前水深可达90米，平均水深34米，正常高水位（108米）时的水域面积达573平方千米，相应的库容达178.40亿立方米，多年平均入库水量94.50亿立方米，大坝输出库水量91.07亿立方米。千岛湖水在中国大江大湖中位居优质水之首，为国家一级水体，不经任何处理即达饮用水标准，被誉为“天下第一秀水”，其水资源量约占钱塘江流域水资源量的30%。千岛湖及其周边地区生态环境质量的好坏对钱塘江中下游的水环境质量和水体功能起着重要的作用，保护千岛湖的生态环境对整个钱塘江流域的可持续发展具有十分重要的意义。

千岛湖湖形呈树枝型，湖中大小岛屿千余个，生物多样性十分丰富，具有很高的保护价值；有兽类动物61种，鸟类90种，爬行类50种，昆虫类16目320科1800种，两栖类2目4科12种，13科94种形态各异的鱼类资源，有“鱼跃千岛湖”“水下金字塔”等奇特景观。千岛湖岛屿森林覆盖率达82.5%，有维管束植物1824种，其中属国家重点保护的树种有20种；乔木以马尾松和壳斗科植物为主；灌木多见于杜鹃花科、蔷薇科、金缕梅科、冬青科和山矾科；草本以菊科和禾本科为主。

12.1.2 问题及背景

20世纪90年代后，随着流域经济的发展，库区水环境质量变化趋势明显。根据1998年5月至 2000年5月千岛湖库区13个监测点的月度监测情况看，60%监测点的 TN（总氮）平均值超过Ⅱ类水标准；小金山至街口，TP（总磷）在Ⅱ类水标准，其中街口断面的TP超Ⅱ类水标准。在春、夏季节出现蓝藻门的某些种群（主要是鱼腥藻）发生突发性的异常繁殖，成为优势种群。尤其是1998年、1999年连续两年发生大面积水域蓝藻暴发，导致湖水与渔产品出现明显异味，严重影响了当地居民的日常生活和旅游业的发展，造成了重大经济损失。2005年，中国民主促进会、浙江省委员会十几位委员在政情通报会上以《千岛湖的优良水质正在遭受前所未有的严重威胁》为题作了专题报告，呼吁引起重视。

千岛湖水质恶化和环境问题产生的原因是多方面的。一是周边地区小流域水土流失问题。在杭州市行政区域内，该地区是水土流失最为严重的地区，总面积达778.38平方千米，占淳安县总面积的17.58%。在全部水土流失面积中，坡耕地104.72平方千米，其中25度以上陡坡耕地面积39.11平方千米，是全市坡耕地最集中的区域，轻度水土流失占水土流失面积的44.4%，中度占38.4%，强度占17.2%。水土流失造成坡耕地土层变薄、土壤质地粗化、植被稀疏、植被恢复困难、景观环境劣化、环境资源的容量减小、资源的开发利用价值不断下降、生态环境进一步恶化、多种生物的栖息地被破坏。二是由于区域经济的发展需要，沿湖开凿了环湖公路。与此同时，环湖山地租赁给个人，用于开荒栽种经济植物，炸山填湖造地用于房地产开发，这一系列人为活动导致优美的环湖山体自然景观被严重破坏。

进入21世纪后，过度开发问题日益突出。如填湖造地建高尔夫球场问题，通过炸开湖岸山体和填实湖面建成一个标准的18洞高尔夫球场，占地100多公顷，同时还建有一条环湖路，也是填湖修建起来的，长达9千米。高尔夫球场的草坪维护，除了要浇水之外还要大量施用化肥和除虫剂。资料显示，一个占地67公顷的18洞高尔夫球场每个月所施用的化肥、除虫剂加起来至少有13吨，其中的化肥只有一半会被草坪吸收，残留化肥和除虫剂就会随着水流排放出去或者渗入地下土层。

这个高尔夫球场属于典型的顶风违规项目。项目2007年10月开业，但早在2004年1月10日，国务院办公厅就发出《关于暂停新建高尔夫球场的通知》，要求一律不得批准建设新的高尔夫球场项目，尚未开工的项目一律不许动工建设，对虽已办理规划、用地和开工批准手续，但尚未动工建设的项目，一律停止开工。2011年4月11日，国家发展改革委等11家单位又联合下发了《关于开展全国高尔夫球场综合清理整治工作的通知》，要求各地方政府对本地区高尔夫球场项目进行逐一核查，对违规球场依法进行处理，特别是在饮用水水源地保护区内建设的球场，相关部门和地方政府要重点督办。2005年12月，浙江省就把千岛湖绝大部分区域划定为饮用水源二级保护区。《水污染防治法》第五十九条规定：禁止在饮用水水源二级保护区内新建、改建、扩建排放污染物的建设项目；已建成的排放污染物的建设项目，由县级以上人民政府责令拆除或者关闭。

再如，违规建设五星级酒店和豪华别墅问题。淳安县千岛湖镇西北端的麒麟半岛上，坐落着开元度假村。公开资料显示，度假村占地20多公顷，内有一家五星级度假酒店以及88栋独立别墅，这些别墅早在2004年就销售一空。天清岛位于千岛湖镇的西南，同样，这里除了一座豪华酒店之外，也环岛临湖建设了多套别墅，一期12栋，二期20多栋。

类似的情况还出现在千岛湖东北沿岸，一个名为观岛的项目，分两期，总面积约24万平方米，一期包括数十套联排别墅和7栋湖景公寓大楼。从第一排联体别墅到湖边是宽约40米左右的观景绿化带，这都是靠填湖而来。与观岛一期的填湖程度相比，二期的填湖造地规模就更大了，填湖宽度至少有100米以上。

整个千岛湖沿岸几千栋建筑物。不仅是酒店、别墅，千岛湖边还存在着大量的建设项目，挖掘机把挖出来的渣土石块装到卡车上，而卡车直接把这些渣土和石块倒进了附近的千岛湖里，直接对湖水造成威胁。

国土资源部从2003年限批别墅用地，2006年5月31日又发出通知：一律停止别墅类房地产项目供地和办理相关用地手续，并对别墅进行全面清理。然而，杭州千岛湖不仅在大张旗鼓地建着别墅，而且还承诺可以办理房产证。

《浙江省风景名胜区管理条例》第十四条规定：风景名胜区内江河、湖泊、水库、瀑布、泉水等水体必须按照国家有关水污染防治法律、法规的规定严格保护，任何单位和个人不得向水体倾倒垃圾或其他污染物，不得擅自围、填、堵、塞、引或做其他改变。即使有规可循，可在国家级的千岛湖风景区照样出现了这种大面积的填湖行为。

12.1.3 批示及整改成效

多数人眼中，千岛湖是旅游胜地，但事实上，随着区域经济社会快速发展，新安江水库原来“以发电为主，兼顾防洪、灌溉、航运”的功能定位已转变为“防洪、供水、生态”。时任全国政协副主席张梅颖曾指出：千岛湖及新安江流域不仅是浙江、安徽两省的重要生态屏障，而且事关整个长三角地区的生态安全，战略地位十分重要。

进入21世纪以来，国内多数大江大河、淡水湖泊拉响水质警报，但千岛湖依然是全国水质最好的湖泊之一。然而，1998年，千岛湖第一次被蓝藻侵袭，2010年5月，千岛湖的部分湖面出现蓝藻异常增加繁殖。

2010年11月，中央多位领导同志对《关于千岛湖水资源保护情况的调研报告》作出重要批示。时任国家副主席的习近平在批示中强调："千岛湖是我国极为难得的优质水资源，加强千岛湖水资源保护意义重大，在这个问题上要避免重蹈先污染后治理的覆辙；我认为这份调研报告所提建议值得重视，是否可由发改委牵头研究提出千岛湖水资源保护的综合规划；浙江、安徽两省要着眼大局，从源头控制污染，走互利共赢之路。"

2013年，媒体曝光千岛湖遭填湖造地、建高档酒店别墅及高尔夫球场导致千岛湖环境影响等问题后引起各方关注，再次引起习近平总书记的关注，自2014年以来总书记已3次对千岛湖临湖地带违规建设问题作出批示。

淳安是习近平总书记在浙江工作时的基层联系点，他十分重视关心淳安发展和千岛湖生态保护，7次亲自到淳安调研指导工作，强调"淳安一定要在生态建设上当好示范，保护好环境，保护好千岛湖的优质水资源"。党的十八大以来，习近平总书记先后4次就千岛湖生态环境保护问题作出重要指示批示，且对千岛湖生态环境问题的批示是首次就某一特定生态敏感区为经济发展让路问题作出重要批示，开启了批示后效果没有达到预期时再过问、再批示，不达目的不罢休的习近平问责模式，是彰显总书记执政特色的一个典型案例。

整改面临的主要问题在几个方面，一是利益瓜葛千丝万缕，长年积累的投资、收益等利益相关方错综复杂；二是江浙等经济发达地区人多地少，尤其千岛湖所在山区，人口密度大，地处山区，1959年为建设新安江水电站，淹没了淳安县的贺城、狮城、威坪镇、茶园镇和港口的三个城镇，共计49个乡1377个自然村，外迁了29万移民，后靠上山了10万县内移民，其中包括耕地2万多公顷和城镇工商企业255家。当初建设水库大量库民上山，如何平衡山民生计和生态保护的关系，是摆在地方政府面前的难题；三是千岛湖的主要源水为安徽境内的新安江及其支流，汇水来自安徽徽州的歙县、休宁、屯溪、绩溪，以及祁门和黄山区的南部，千岛湖水库60%的流域面积（汇水区）在安徽省境内。千岛湖环境综合治理及整改的成败关键在如何破解这三个问题，从某种角度说，没有总书记的关注，很难下定决心解决掉这些老大难问题。

一是从讲政治的高度把握整改全局，取缔和关停并转相结合，多管齐下，不留退路。总书记批示后，引起浙江全省高度重视。省委常委会议专题研究部署，从“两个维护”的高度认识和推进整治工作，举一反三、一抓到底。整改过程明确整治的主体责任、原则规范、时间节点，坚持依法依规，敢于动真碰硬，以实之又实的作风，一个一个查清、一个一个销号。按照长效管控，巩固整治成果，健全法规制度，确保不反弹、不出现新的违建的要求，采取断然措施拆除违规建筑，恢复植被。淳安县本着算好大局账、长远账的态度，把千岛湖临湖综合整治看成是走向高质量保护、高质量发展的重大机遇，以最高的标准、最科学的规划、最有力的措施落实整改。据报道，高尔夫俱乐部已被取缔，相关责任人被依法处理。违规建设的高尔夫俱乐部也已转型为高山花海、婚纱摄影基地、健康养生基地。

二是多部门联动整改，立足长远发展，在整改中实践“两山论”转化。按照山水林田湖草系统治理的理念，以保护好千岛湖水质为核心目标，从周边环境整治、全面开展流域内小流域综合治理、构建生态林业和林业生态产业体系、实施保水生态渔业等四大“三生”工程为抓手，取得了良好的效果。

解决掉周边入湖污染问题。淳安县政府多渠道筹集环保资金，开展多种形式的污染整治行动，同时加强环境监测和综合执法。在招商引资时，当地坚决做到决不牺牲环境、决不接受污染企业、决不降低环保门槛“三个决不”原则。在环湖周边农村开展了包括“农村生活垃圾处置”“户用沼气建设”“清洁乡村”“改水改厕”“保水渔业”“生态种植”等一系列生态环保工程，既取得了“正本清源”的效果，也有效提升了农村百姓的生活品质。

开展小流域综合治理。针对千岛湖汇水流域溪流多、河道狭长和宽度不一等特点，水利水电部门重点开展生态溪流综合治理工作，通过以流域为单元、以治水为重点、以采砂整治为抓手，实施防洪堤、堰坝及溪道生态水环境的巡查和监管力度，开展疏浚河道、治理水土流失，以及实施灌水渠道、排水渠道、防洪护堤、桥梁、堰坝、机耕路等工程措施，河道得到综合整治，成效显著。

推进“三生”林业。把握现代林业经营和“两山论”理念精髓，实施林业生产、生态、生活“三生”工程，做好“林”文章。通过退耕还林、减少森林采伐、选择珍贵树种开展植树造林、实施“四边”绿化、建设彩色健康森林等措施，实现从简单造林向阔叶化、珍贵化、彩色化造林转变，从生产用材林为主向经营生态林、提高森林生态文化转变，森林生物多样性更加丰富，森林病虫害综合防范能力进一步增强，森林景观更加优美，生态功能进一步提升。充分利用森林资源等生态产品优势，大力发展森林旅游、森林食品、花卉苗木产业，以生态产业发展带动林业建设，走出了一条生态和产业双赢的发展新路子。通过大力发展生态林业产业，积极探索国有林场产业结构转型升级，林场逐步把生态优势转化为经济优势，实现了国有林场健康和可持续发展。率先在千岛湖中心湖区开发建设了具有主题文化和森林文化特色的千岛湖猴岛、龙山岛、孔雀园、五龙岛、三潭岛等多个观光旅游景点。云蒙列岛建立了猕猴繁殖基地。龙山自古就是浙西名胜，淳安民间素有“桐桥铁井小金山，石峡书院活龙山”之誉，岛上建有海瑞祠、石峡书院、半亩方塘、宋代古钟楼等景点，是千岛湖旅游的标志性人文景点。海瑞纪念馆的建成使海瑞文化的内涵得到了提升，纪念馆也被列为中央纪委监察部杭州培训中心教学实践点、浙江省廉政文化教育基地、杭州市廉政文化示范点、杭州市爱国主义教育基地。如今森林旅游业已成为千岛湖的支柱产业，实现了“以旅游促经济发展、以经济发展促生态保护”的良性循环。

走“保水生态渔业”之路，以保水、护水为前提发展生态渔业。近年来在千岛湖主要水域实行封库禁渔，强力保护土著野生鱼类资源。根据鲢鳙鱼是植食性鱼种，以藻类为主要饵料的生物学特性，县里组织每年向千岛湖投放600万尾以上鲢鳙鱼苗，并严格控制起捕的规格和数量，规定凡3千克以下的鲢鱼、4千克以下的鳙鱼禁止捕捞，对净化千岛湖水质起到了极大作用。同时，制定了网箱养殖规划，严格控制网箱养殖面积，确保千岛湖水质。

三是建立跨省流域治理机制。新安江流域的上游在安徽省境内的流域面积达6736.8平方千米。新安江流域上游地区是传统农业区及新兴旅游区，产业结构相对落后，导致上下游经济发展差距不断加大，2007年黄山市人均GDP为14626元，仅为杭州市人均61313元的24%，2008年杭州市人均GDP则是黄山市人均GDP的4.2倍。上游地区有加快发展的需求，但发展必然增加水资源开发利用量和水污染负荷量。与此同时，下游地区为保证其经济社会的可持续发展，对上游地区水资源的数量和质量提出了更高的要求。为此，在财政部、环保部支持下，安徽省和浙江省酝酿在新安江流域建立跨省生态补偿机制， 2011年，随着《新安江流域水环境补偿试点实施方案》的出台，全国首例跨省流域生态补偿机制试点作为探索流域生态共建共享和经济一体化发展的新机制应运而生。2014年初，国务院批准《千岛湖及新安江上游流域水资源与生态环境保护综合规划》，标志着新安江流域生态环境保护上升到国家战略层面。

试点方案的主要内容：一是资金规模每年5亿元，其中中央财政3亿元，浙皖两省各1亿元。二是入湖水质以街口国控交接断面入湖水体中高锰酸钾、氨氮、总氮、总磷4个因子2008～2010年年度监测数据3年平均值再乘以0.85的系数确定为基准值。上游来水如好于或等于该标准，浙江省向安徽省拨付1亿元资金；如劣于该标准，安徽省向浙江省拨付1亿元资金。不论水质是否达标，中央财政3亿元资金均拨付给安徽。三是水质监测情况以环保部门公布数据为准。

新安江流域生态补偿试点实施以来，两省交界断面水质总体保持稳定，流域补偿机制和拨付上游资金取得预期效果。从2011年起，黄山市以试点为契机，全面推进新安江流域综合治理，编制了《安徽省新安江流域水资源与生态环境保护综合规划》，建设新安江流域水环境管理平台，实现流域基础地理信息、环境管理信息以及水文水质动态变化预测预警机制；建立新安江水质监测中心，实现水质连续实时在线监测、数据传输和数据分析。同时，在新安江出境断面及主要支流入境断面新建2个水质自动监测站，将流域监测点位由8个增加到覆盖全流域的44个，将饮用水源地监测项目由原来的29项增加到109项，监测方式也由原有的手工监测提升为手工监测和自动监测相结合。同时将新安江流域综合治理列入年度目标管理考核，黄山市成立“河长制”管理工作领导组，根据河流的行政区域分段划分、分片包干，由市、县区、乡镇行政一把手担任河长，全面开展小流域综合治理。其后，黄山市共实施新安江综合治理项目400多个，完成投资450亿元；其中，实施生态补偿机制试点项目156个，完工项目72个，完成投资50亿元，并启动了试点资金绩效评估。黄山市境内的新安江流域已实现水质监测、水土保持、村级保洁、污染治理“四个全覆盖”。

2019年，淳安特别生态功能区建设全面启动。建设淳安特别生态功能区有利于推动流域生态环境共建和省际、市际交界地区合作共保，在绿色美丽长三角和全省大花园建设中发挥引领作用。同时，淳安也是浙江省26个加快发展县之一。建设淳安特别生态功能区，进一步打开绿水青山向金山银山转化的新通道，率先形成饮用水源保护与发展的千岛湖模式，对于生态环境良好、经济相对落后的地区实现跨越式发展具有十分重要的示范带动意义。

千岛湖正在按照“两山论”的理念把整改向纵深推进。由于千岛湖综合整治与习近平总书记在浙江主政密切相关，也是其到中央后就生态问题的首次批示，具有标杆作用，意义重大，是水生态综合治理，落实“共抓大保护、不搞大开发”要求，及践行习近平生态文明思想、打通“两山”转化通道、实现高质量保护与发展的首要示范。

12.2 新疆卡山自然保护区违规“瘦身”

12.2.1 概况及生态敏感性

卡拉麦里在中国第二大沙漠古尔通班古特沙漠的核心区域，数亿年前，这里碧波浩渺，森林连绵千里，飞鸟悠闲，野花芳香随风飘散。但随着侏罗纪末期的造山运动，这里气候恶化，干旱缺水，湖泊消亡。

卡拉麦里这片荒漠戈壁，地势起伏多变，形成大大小小的山包，高者不过数十米，凹地上被洪水冲击而成的临时河道两旁，灌木遍布。脾气古怪的内陆沙漠，说不定哪天就飘扬起大雪。

在稀疏的植被护佑下，卡拉麦里的沙丘得以固定，使得这里的野生动物有了生存的希望，行走在保护区，随处可见大大小小的动物粪便和脚印，一不留神，还可以看到远处悠闲行走的黄羊和野兔，它们对陌生的窜入者没有太多戒备，只是和来客保持一定的距离，远远地望着。

这里栖息着数以百计的有蹄类动物和珍禽，如蒙古野驴和很多国家重点保护动物如鹅喉羚（黄羊）、马鹿、盘羊、野山羊，有更多的鸟类在这里生息繁衍，可以说，卡拉麦里是一个野生动物的乐园。这里还是中国唯一的野马人工饲养繁育基地，1986年，中国从英国、德国等将曾经从准噶尔盆地掳走的野马后裔重新引回，现在，它们已经适应了这里的环境，避免了灭绝的危机。

卡拉麦里山是横亘于保护区中部的低山，保护区因此而得名，它的东部是砾石戈壁，西部则连着中国第二大沙漠古尔班通古特沙漠。卡拉麦里山东西走向，南北宽20～40千米，一般海拔高度1000米，相对高差不足500米；北面为低山丘陵，坡度较缓，相对高差仅几十米；山岭以南为将军戈壁，个别地段形成沙丘。保护区西部沙漠是古尔班通古特沙漠的一部分，有6条大的中速流动沙垅和大面积的格状沙丘链。山地丘陵、风蚀台原与沙漠的交界处形成大的泥漠，俗称“黄泥滩”。卡拉麦里山年均气温2.38℃；年平均降水量159.1毫米，而蒸发量高达2090.4毫米，气候干旱。

卡拉麦里山南部及西南部，梭梭、白梭梭荒漠占有较大比重。西部半固定沙丘上为禾草——短叶假木贼草原化沙漠，并有少量琵琶柴分布。禾草类主要有针茅、沙生针茅、三芒草、驼绒藜、沙蒿等。在固定沙丘上，优若藜、小蒿荒漠是重要的植被。

卡拉麦里山区域兽类有蒙古野驴、盘羊、鹅喉羚、草原斑猫、赤狐、沙狐、艾鼬、草兔和多种啮齿类野生动物；鸟类有金雕、玉带海雕、苍鹰、大鸨、小鸨；爬行类有荒漠麻蜥等。学名“*Equus ferus przewalskii*”的普氏野马是目前地球上唯一存在的野马种群，目前也被放归到卡拉麦里有蹄类保护区。国家一级保护动物蒙古野驴，保护区内只有400只左右。

为了保护这片原始区域，1982年，自治区在这里建立了“卡拉麦里山有蹄类野生动物保护区”。根据《卡山保护区综合科学考察报告》，仅仅哺乳动物一类，这里就有国家一级保护野生动物雪豹、普氏野马、蒙古野驴、赛加羚和北山羊等14种，国家二级保护动物鹅喉羚、盘羊等39种，在这些哺乳动物中，列入中国濒危物种红皮书的有9种，其中野生种群灭绝的2种、濒危4种、易危3种。

新疆卡拉麦里山有蹄类野生动物自然保护区是以保护蒙古野驴、普氏野马、鹅喉羚等多种珍稀有蹄类野生动物及其生存环境为主的野生动物类型的自然保护区，是我国低海拔荒漠区域内为数不多的大型有蹄类野生动物自然保护区，是野生动植物物种的“天然基因库”，其生态区位和物种多样性无法替代，具有重要的干旱区基因保护价值、生态价值、科研价值。同时保护区还担负着遏阻新疆第二大沙漠向东扩张的重任，生态区域重要而敏感。

12.2.2　问题及背景

近年来，随着保护区内陆续发现多种矿产资源和旅游资源，阿勒泰地区和昌吉州为了追求GDP增长，自2005年起，连续6次提出对卡山自然保护区面积进行调减。

2005年开始调整前，卡山保护区总面积18183.21平方千米，经2005年、2007年、2008年、2009年、2011年先后5次调整保护区面积，分别调减了2100.42平方千米、1203平方千米、461平方千米、821.38平方千米、592.76平方千米，合计调减5178.56平方千米，多次“瘦身”后调减为13004.65平方千米。

罪魁祸首是地底下蕴藏的煤，时针推至2015年，卡山北纬45°以南区域已经被建设为大型煤炭基地，北纬45°以北的区域中间被划出3块，更多的煤炭、黄金和被称作“卡拉麦里金”的花岗岩即将被开采出来。在准东，露天煤矿所堆砌的多处煤矸石山已经变得如楼房一般高，更多的煤矸石还在不断地倾倒出来。运煤的卡车日夜不停地在各个煤矿之间穿梭，扬起的烟尘让人误以为闯入了沙尘暴之中，也将整个戈壁染成黑色。

新疆环境保护科学研究院王虎贤等人2015年发表的《卡山保护区野生动物适宜性生境变化》表明，由于受到公路、矿区、工业园区干扰和影响，卡山保护区的适宜性生境已经比2000年减少了45%，尤其是2007年以来呈加速下降趋势。《卡山保护区综合科学考察报告》亦证实，多年的观测表明，准东已经见不到有蹄类动物活动。

来自中科院新疆生态与地理研究所的马鸣长期在卡山保护区进行猛禽研究。他曾对澎湃新闻说："别忘了卡山上还有众多的金雕、秃鹫，除了偷猎，开矿、采石的影响也非常大。"金雕与秃鹫分别为国家一级和二级保护动物。马鸣的研究发现，自2004年开始，金雕的数量在卡山保护区不断下降，到了2012年，所有的巢穴都空了。

曾经的卡山保护区，一篇由新疆环境监测中心站王德厚发表于1993年的论文如此记述过去的"盛况"：在一次调查中，目击154头野驴在桥木稀拜洼地水池中饮水以及玩耍的壮观场面；在火烧山一次调查中，在一个水坑旁边观察，从中午12时至下午19时，7小时里见到来此水坑喝水的鹅喉羚765头、野驴60头（桥木稀拜和火烧山均为保护区内的地名）。

《中国国家地理》曾经将卡山保护区喻为"观兽天堂"。国道216几乎从原保护区的西南角贯穿至东北，即使是普通的游客，有时也能不费吹灰之力看到动物成群结队迁徙的情景。根据保护区阿勒泰观测站的研究，冬季野生动物越过卡拉麦里山到南部的准东地区过冬，而在夏季，则根据水源地等情况，有东西向迁徙的习惯。

2015年4月17日，自治区人民政府以新政函〔2015〕70号文对卡山自然保护区面积又进行了第6次调整。根据新疆环保厅对外公布《对新疆卡拉麦里有蹄类野生动物自然保护区范围和功能区调整的公示》，其内容显示，卡拉麦里保护区面积将面临第六次调减，调减面积达179.3平方千米。对于调整原因，新疆环保厅表示："因历史与现实、自然保护与社会经济发展矛盾日益突出，使有蹄类野生动物的保护形势日益严峻。同时，也是为了满足国家重点工程建设和阿勒泰地区社会经济发展需要。"按照这个方案，经前5次调整后总面积为13004.65平方千米的保护区将再次"瘦身"为12825.35平方千米，将从保护区北纬45度以北的区域中间划出3块以开采金矿和石材等资源，而这个调整方案因为破坏了保护区的完整性而备受质疑。

作为新疆环保厅保护区调整评审专家组组长，中国科学院新疆生态与地理研究所研究员杨维康给出的评审意见之一是，“（调整后）保护区将形成3个大窟窿，违背保护区建设原则，严重影响保护功能的实现。”他认为，此次削减出去的主要区域是一个重要的动物越冬场所，“这块凹地在冬季的平均气温比其他地区高，而且北风吹不进来，在它们失去准东的越冬地之后，如果再没有这一块区域，就是雪上加霜。”

通过几次调减，卡山自然保护区内有蹄类野生动物栖息地部分损毁减少、迁徙通道受阻、生态环境受到严重挤压。经调查核实，卡山自然保护区问题是破坏生态环境的典型案例，阿勒泰地区、昌吉州和新疆林业、国土、环保等部门为了追求眼前利益和一时经济发展，不顾资源和生态环境承载能力，违规随意调整自然保护区范围、改变保护区性质，纵容企业违法违规从事生产经营活动，严重破坏保护区生态系统，给生态安全带来巨大隐患。

据报道，卡山自然保护区的连续6次调减中，除2008年的第三次是建设准东铁路需要外，其他5次均是为矿产资源开发建设让路，且均是在企业开发建设形成既定事实情况下调整的。正如自治区党委文件中痛批这种做法指出的：充分暴露出一些地方、部门和干部特别是领导干部仍然抱着陈旧发展理念，片面追求经济增长和业绩，只顾眼前不顾长远，只顾发展经济、不顾生态环境保护，最终付出惨痛代价。

卡山保护区为地方经济发展连续“瘦身”事件的性质是很严重的。该事件是干部在生态文明建设中不作为、慢作为、乱作为的典型案例。分析造成卡山自然保护区环境日益恶化的主要原因，表面上看是为经济发展让路，地方政府重经济、轻保护的问题，内在原因主要是地方政府政治站位不对、法律意识淡薄、政绩观存在问题，明显体现在两个方面：

一是地方党政明知故犯，对违法违规开发矿产资源活动提供帮助。地方党委政府为了追求片面的经济发展和所谓的政绩，明知调减卡山自然保护区面积用于矿产资源开发不符合国家规定，仍然想方设法积极推动调减工作，甚至对未批先建、以探代采、乱采滥伐等问题视而不见，以致一些违法违规项目畅通无阻，自然保护区管理有关规定在当地已名存实亡。还有个别党员领导干部为了一己私利，利用卡山自然保护区内矿产资源丰富的优势，与个别企业大搞权钱交易，知法犯法。

二是职能部门不作为，甚至默许纵容，为破坏生态环境行为大开“绿灯”。《自然保护区条例》等法律法规明确规定，禁止在自然保护区核心区和缓冲区内开展任何形式的开发建设活动。自治区原林业厅等部门置国家法律法规于不顾，不仅没有履行好审核把关职责，甚至助推企业违法违规在保护区内从事矿产资源开发等活动。自治区环保厅明知第六次调减距第五次调减时间不满6年，不符合国家有关规定，仍以组织专家评审的方式，在没有召开会议集体研究的情况下予以通过。自治区原国土厅在卡山自然保护区共核发探矿证173宗、采矿证9宗，特别是党的十八大以后，仍续发采矿证4宗、探矿证53宗（其中核心区30宗）。

12.2.3　批示及整改成效

卡山保护区为经济发展让路而多次“瘦身”，而且大面积调出核心区、缓冲区，甚至先建后批等问题受到习近平总书记等中央领导同志的关注，并进行了多次重要批示。一场全面整改运动在新疆打响。

2016年2月17日，新疆维吾尔自治区人民政府下发了《关于进一步加强卡拉麦里山有蹄类野生动物自然保护区管理工作的决定》，全面部署整改，从四大方面提出了整改要求，涉及新疆维吾尔自治区党委、政府及相关部门，昌吉回族自治州、阿勒泰地区，以及吉木萨尔县、奇台县、阜康市、富蕴县、福海县、青河县、准东经济技术开发区、中石油集团新疆油田公司等部门或单位。

卡山保护区整改可以说是经济代价最大的整改，其中撤销的喀木斯特工业园区拟开发的煤田面积2640平方千米，煤炭资源储量约466.2亿吨，已探明储量约为96.67亿吨；关闭总投资约250亿元，已建设年产40亿标准立方米煤制天然气工程项目；依法注销、废止203个探矿权、10个采矿权，永久性封闭退出284口油井；关闭企业7家，涉及投资和收益损失数千亿元。另外，还采取了如下具体整改措施：

1. 对部分干部在生态文明建设中的不作为、慢作为、乱作为问题，涉及相关责任单位和人员的责任追究已全部落实到位。自治区纪委组成督查问责工作组，按照党政同责、一岗双责、权责一致、终身追责的原则，就卡山自然保护区连续“瘦身”为经济“让路”等问题进行专项督查问责，并对责任单位和责任人作出严肃处理。分多批严厉问责追责了一批负有责任的单位和个人，自治区两位副主席作出深刻检查；勒令阿勒泰地委、行署和自治区林业厅、国土资源厅、环境保护厅等单位向自治区党委作出深刻检查；包括16名厅级、处级官员和多名相关地州和单位工作人员受到撤职、党内严重警告等处分和处理。整改期间，针对卡山自然保护区各类环境违法违规行为，阿勒泰地区出动执法人员1000余人次，依法对7家企业合计处以罚款452万元；移送司法机关3人，其中2人判处有期徒刑8年、1人判处有期徒刑1年半；启动追责问责机制，地县两级共问责党政干部22人。

2．违法违规采矿活动已全部整治完成。拆除治理10家矿企的采矿区、厂区和生活区，收回矿区土地101万平方米，生态恢复1048万平方米，矿区重新恢复为野生动物栖息地。

3．保护区核心区、缓冲区的生产设施已全部拆除并恢复生态原貌，保护区内旅游开发、建设、经营活动已全部停止。治理恢复面积1246万平方米，拆除各类建筑12.2万平方米。

4．调出的高保护价值区域重新划入保护区。1851.83平方千米区域重新划入保护区，保护区面积由整改前的13004.65平方千米，变为调整后的14856.48平方千米，增加了14.24%。重新划入卡山保护区的区域，主要是野生动物觅食地、水源地、迁徙通道和重要越冬地（冬季栖息地），具有较高的保护价值。

5．拆除保护区内阻碍野生动物迁徙的围栏和围网620千米。为解决大型重点工程对野生动物栖息地形成的孤岛问题，保护区外围沿引额济乌南干渠建设野生动物迁徙通道6处，保护区内部沿公路或铁路建设野生动物通道53处。为解决干旱荒漠地区野生动物饮水问题，在保护区内新建或改造野生动物饮水水源和饮水点65处，保护区外建设人工饮水点16处。

历经4年整改，截至2019年底基本完成整改，取得良好成效。保护区面积得到稳固，且有所增加。工矿退出区生态恢复成效显著，栖息地面积得到恢复。迁徙通道的打通和修复，孤岛化趋势得到明显遏止。保护意识明显加强，越冬能力大幅提升，野生动物饮用水源和饮水设施得到大幅改善，禁牧工作取得阶段性成果，保护手段和管护能力的增强，使人为干扰活动基本得到控制，干扰强度及影响弱化趋势明显。

12.3 甘肃祁连山自然保护区生态环境破坏

12.3.1 概况及生态敏感性

“祁连”系匈奴语，匈奴称天为“祁连”，祁连山即“天山”之意，因位于河西走廊之南，历史上亦曾叫南山，还有雪山、白山等名称。

广义的祁连山脉，是甘肃省西部和青海省东北部边境山地的总称，在青海境内位于柴达木盆地北缘，茶卡－沙珠玉盆地，黄河干流一线之北，北至省界，西起当金山口，东至青海省界。地理坐标：东经94°10'～103°04'，北纬35°50'～39°19'。狭义的祁连山是指祁连山脉最北的一支山岭（走廊南山西端，海拔5547米）。

祁连山系东西长800千米，南北宽200～400千米，海拔4000～6000米，共有冰川3066条，面积约2062平方千米，西端在当金山口与阿尔金山脉相接，东端至黄河谷地，与秦岭、六盘山相连，长近1000千米。祁连山属褶皱断块山，最宽处在张掖市与柴达木盆地之间，达300千米；自北而南，山峰多海拔4000～5000米，最高峰疏勒南山的团结峰海拔5808米，海拔4000米以上的山峰终年积雪，山间谷地也在海拔3000～3500米。

祁连山素有“万宝山”之称，蕴藏着种类繁多、品质优良的矿藏，有石棉矿、黄铁矿、铬铁矿及铜、铅、锌等多种矿产，八宝山的石棉为国内稀有的“湿纺”原料。祁连山区冷湿气候有利于牧草生长，在海拔2800米以上的地带，分布有大片草原，为发展牧业提供了良好场所。

多种因素的叠加构成了祁连山林区主要的气候特征，即大陆性高寒半湿润山地气候。表现为冬季长而寒冷干燥，夏季短而温凉湿润，保护区由浅山地带向深山地带，气温递减，降水量递增，高山寒冷而阴湿，浅山地带热而干燥。随着山区海拔的升高，各气候要素发生自下而上有规律的变化，呈明显的山地垂直气候带。自下而上为：浅山荒漠草原气候带、浅山干草原气候带、中山森林草原气候带、亚高山灌丛草甸气候带、高山冰雪植被气候带。

祁连山区的降水特征与气温不同，不但受海拔高度的影响，而且受所处的纬度、经度以及地形的坡向和坡度的影响。祁连山林区是河西走廊降水较多的区域，年降水量在400毫米左右，降水主要集中在5～9月，占年总量的89.7%。

祁连山水系呈辐射－格状分布，辐射中心位于北纬38°20′，东经99°，由此沿冷龙岭至毛毛山一线，再沿大通山、日月山至青海南山东段一线为内外流域分界线，此线东南侧的黄河支流有庄浪河、大通河、湟水，属外流水系；西北侧的石羊河、黑河、托来河、疏勒河、党河，属河西走廊内陆水系；哈尔腾河、鱼卡河、塔塔棱河、阿让郭勒河，属柴达木的内陆水系；还有青海湖、哈拉湖两个独立的内陆水系。祁连山河流流量年际变化较小，而季节变化和日变化较大。祁连山脉东部的乌鞘岭、冷龙岭、日月山一线是中国西北地区内流区与外流区的分界线。此线以东的庄浪河、大通河、湟水皆汇入黄河，此线以西的河流皆为内流河。

祁连山储水以冰川为主，冰川融水出流形成祁连山水系。

祁连山区植被较好，有许多天然牧场。自海拔2000米向上，植被垂直带分别为荒漠草原带（海拔2000～2300米）、草原带（2300～2600米）、森林草原带（2600～3200米）、灌丛草原带（3200～3700米）、草甸草原带（3700～4100米）和冰雪带（>4100米）。其中森林草原带和灌丛草原带是祁连山的水源涵养林，大通河、石羊河、黑河等河流发源于此，是河西走廊绿洲的主要水源。

祁连山前的河西走廊自古就是内地通往西北的天然通道，文化遗迹和名胜众多。在汉代和唐代，著名的“丝绸之路”即由此通过，留下众多中西文化交流的古迹和关口、城镇，例如嘉峪关、黑水国汉墓、马蹄寺石窟、西夏碑、炳灵寺石窟等等。在河西走廊东部的历史文化名城武威出土的汉代铜奔马已成为中国旅游的标志。

为保护祁连山地区的生态环境，国家于1988年成立了“祁连山国家级自然保护区”，是甘肃省面积最大的森林生态系统和野生动物类型的保护区，地处甘肃、青海两省交界处，东起乌鞘岭的松山，西到当金山口，北临河西走廊，南靠柴达木盆地；地跨天祝、肃南、古浪、凉州、永昌、山丹、民乐、甘州8个县（区）；成立时区划面积272.2万公顷，林业用地60.7万公顷，分布有高等植物1044种、陆栖脊椎动物229种，森林覆盖率21.3%，境内有冰川2194条，储量615亿立方米，是中国西北地区重要的水源涵养林区，每年涵养调蓄石羊河、黑河、疏勒河三大内陆河72.6亿立方米水源。保护好祁连山北坡典型森林生态系统和野生动物资源，发挥最大的森林水源涵养效能，维护生物多样性，是保护区的主要经营管理目标。1980年，国务院确定祁连山水源涵养林为国家重点水源涵养林区。2000年，保护区被确定为国家天然林保护工程区。2004年，保护区森林被认定为国家重点生态公益林。2008年，在国家环保部公布的《全国生态功能区划》中，将祁连山区确定为水源涵养生态功能区，将“祁连山山地水源涵养重要区”列为全国50个重要生态服务功能区之一。

2017年9月，中共中央办公厅　国务院办公厅印发了《祁连山国家公园体制试点方案》，确定试点建立祁连山国家公园，主要职责为保护祁连山生物多样性和自然生态系统原真性、完整性。公园总面积5.02万平方千米。其中，甘肃省片区面积3.44万平方千米，占总面积的68.5%，涉及肃北蒙古族自治县、阿克塞哈萨克族自治县、肃南裕固族自治县、民乐县、永昌县、天祝藏族自治县、凉州区和7个县（区），包括祁连山国家级自然保护区、盐池湾国家级自然保护区、天祝三峡国家森林公园、马蹄寺省级森林公园、冰沟河省级森林公园等保护地和中农发山丹马场、甘肃农垦集团。青海省境内总面积1.58万平方千米，占国家公园总面积的31.5%，包括海北藏族自治州门源县、祁连县，海西州天峻县、德令哈市，共有17个乡（镇）60个村、4.1万人。试点公园包括1个省级自然保护区、1个国家级森林公园、1个国家级湿地公园，其中祁连山省级自然保护区核心区面积36.55万公顷，缓冲区面积17.51万公顷，实验区面积26.17万公顷，仙米国家森林公园面积19.98万公顷，黑河源国家湿地公园面积6.43万公顷。

12.3.2　保护价值

作为天然固体水库，长达800千米的祁连山孕育了维系河西走廊绿洲的黑河、疏勒河、石羊河，养育了下游500多万人，对于甘肃来说，祁连山是名副其实的母亲山。而且，由祁连山冰雪融水形成的河西绿洲和祁连山共同构成了阻隔巴丹吉林、腾格里两大沙漠南侵的防线，更是拱卫青藏高原乃至“中华水塔”三江源生态安全的屏障。

没有祁连山，当年辉煌的丝绸之路很可能就深埋滚滚黄沙了。即使2000多年前的古人都深知祁连山之关键，譬如，被汉朝打跑的匈奴人曾留悲歌：“失我祁连山，使我六畜不蕃息。”

祁连山的生态很脆弱，一旦破坏，很难恢复，保护好是唯一的选择。这座横亘中国西部青藏高原和西北荒漠的巨大山系，其生态区位的独特性在于对环境变化更敏感，从而也更脆弱。青海云杉天然林是祁连山水源涵养林的主体，涵养林结构单一，林下灌木和草稀少，生物多样性较低，天然更新差。所以，祁连山生态系统易受自然条件影响，承载力低、易破坏、修复能力弱。

《中国国家地理》（2006年第3期）曾就祁连山对中国的意义有着这样的描述：“东部的祁连山，在来自太平洋季风的吹拂下，是伸进西北干旱区的一座湿岛。没有祁连山，内蒙古的沙漠就会和柴达木盆地的荒漠连成一片，沙漠也许会大大向兰州方向推进。正是有了祁连山，有了极高山上的冰川和山区降雨才发育了一条条河流，才养育了河西走廊，才有了丝绸之路。”然而祁连山的意义还不仅于此。

人类泽水而居，建立城市，孕育文明。祁连山对中国最大的贡献，不仅仅是河西走廊，不仅仅是丝绸之路，不仅仅是引来了宗教、送去了玉石，更重要的是祁连山通过它造就和养育了冰川、河流与绿洲做垫脚石和桥梁，让中国的政治和文化渡过了中国西北海潮的沙漠，与新疆的天山握手相接了，中国人在祁连山的护卫下走向了天山和帕米尔高原。

祁连山高大的山峰截住了气流和云团，在高山发育了众多的雪山和冰川。根据《中国国家地理》杂志数据，祁连山已查明共有冰川3066条，总面积2062平方千米，储水量约1320亿立方米，接近于三江源的冰川资源。这是一个巨大的固体水库，是名副其实的高山水塔。

祁连山东西方向上景观的巨大差异是由降水决定的。从太平洋吹来的东南季风裹挟着暖湿气流吹到祁连山，被高大的山峰截住，形成了丰沛的降水。但是，季风一路向西吹送时，力量越来越弱，祁连山的地貌从东向西也就出现了不同的景象。

祁连山另一个显著的特点是，因为气候原因形成了从上到下的垂直植被分布带，进而也形成了从上到下的景观分布带。从上到下大致有高山冻原、森林、灌丛、草原、荒漠5个植被带，以及与之相适应的从上到下垂直分布的土壤类型。由于祁连山山系延绵上千千米，因此东、中、西部的植被垂直带也有一定的差异，阴坡和阳坡也有不同。

有意思的是，植被带的垂直变化也影响动物形成了垂直分布的种群。以雪豹、岩羊和盘羊为代表的高山裸岩动物群，成了高山之上的居民；以甘肃马鹿、蓝马鸡为代表的森林灌丛动物群，活跃在丛林里；以黄羊、秃鹫、喜马拉雅旱獭为代表的草原动物群，在草原上随处可见；以野双峰驼、沙鸡、沙蜥为代表的荒漠动物群，成了西部地区的独特风景。

祁连山高山顶上的精彩不容忽视。祁连山的保护价值无与伦比。

12.3.3　问题及批示

祁连山国家级自然保护区是中国西部重要的生态屏障，它涵养的水源是甘肃、内蒙古、青海部分地区500多万百姓赖以生存的生命线。然而，开发活动过重、草原过牧过载、违法违规开矿、水电设施违建、偷排偷放、整改不力，让脆弱敏感的生态系统负重超载，山体破坏、植被剥离，给祁连山留下了沉重的创伤，也给总书记添加了一份记挂，并作出了一系列批示。

祁连山生态问题空前严重，多年来这里的违规开发活动触目惊心，冻土剥离、碎石嶙峋、植被稀疏，多年累积的过度开发带来严重的环境恶果，到2017年2月，保护区内有144宗探采矿项目，建有42座水电站，其中不少存在违规审批、未批先建，导致局部生态环境遭到严重破坏。

据统计，在开矿高峰期的1997年，仅张掖市824家各类矿山企业中就有770家在保护区内。之后，经过一系列整顿后，各种粗放型的小矿井少了，但并未根本扭转传统的发展思路。2017年4月13日，中央第七环境保护督察组在向甘肃省委、省政府通报督察情况时就指出，祁连山国家级保护区内已设置采矿、探矿权144宗，2014年国务院批准调整保护区划界后，甘肃省国土资源厅仍然违法违规在保护区内审批和延续采矿权9宗、探矿权5宗。大规模无序采探矿活动，造成祁连山地表植被破坏、水土流失加剧、地表塌陷等问题突出。

还有水电开发，祁连山区域黑河、石羊河、疏勒河等流域水电开发强度大，该区域建有水电站150余座，其中42座位于保护区内，带来的水生态碎片化问题突出。仅黑河上游100千米河段上就有8座引水式电站，在设计、建设和运行中对生态流量考虑不足，导致部分河段出现减水甚至断流现象。大孤山、寺大隆一级水电站设计引水量远高于所在河流多年平均径流，宝瓶河水电站未按要求建设保证下泄流量设施。

生态破坏还只是表面现象，背后源于经济发展与环境保护的思维没有摆正。随着问题的暴露，甘肃相关部门的大量违法作为浮出水面，包括搞变通、打折扣、避重就轻。从县市级到省一级，几乎所有相关部门都成了违法项目的推手，成为祁连山生态破坏的帮凶。

中央环保督察组在督察意见中直言：甘肃省重发展、轻保护问题比较突出。其中一个有力的佐证就是，2013年修订的《甘肃省矿产资源勘查开采审批管理办法》，竟然允许在自然保护区实验区内开采矿产，此条文公然违背《矿产资源法》《自然保护区条例》上位法的规定。

所以，中央定性为“根子上还是甘肃省及有关市县思想认识有偏差，不作为、不担当、不碰硬”，“在立法层面为破坏生态行为放水”。

全面从严治党大型纪实纪录片《巡视利剑》第三集《震慑常在》披露了面对祁连山生态保护问题这一中央重大决策部署中出现的生态环境持续恶化问题，甘肃省委原书记不重视、不作为，仅处理了一个副科级干部的细节。

中央巡视组指出，监管严重缺失是生态环境持续恶化的重要原因。中央领导同志作出一系列重要批示后，时任省委主要领导表面上摆了姿态走了形式，但其实并没有真正到问题严重的地区去调查研究，也没有认真督促相关部门抓好整改落实，更没有对相关领导干部进行严肃问责。实际上，监管缺失的原因不仅是责任落实不到位，还涉及利益输送，不少层级的官员和企业之间有千丝万缕的利益关联。

习近平总书记2014～2016年多次对此作出重要批示，然而甘肃省并没有真正落实。2016年底，中央巡视组进驻甘肃开展巡视回头看，发现时任省委书记对祁连山环境问题不重视、不作为。2017年2月，中央派出专项督查组对祁连山问题进行督查。5个月后，中央政治局常委会会议听取督查情况汇报，对甘肃祁连山国家级自然保护区生态环境破坏典型案例进行了深刻剖析，并对有关责任人作出严肃处理。中央责成甘肃省委和省政府向党中央作出深刻检查，时任省委和省政府主要负责同志认真反思、汲取教训。同时，3名副省级领导被问责，8名厅级官员被处分。

12.3.4 整改与效果

祁连山案例是习近平总书记抓生态保护扭住不放、一抓到底、亲自批示、亲自“验收”的典型案例，也是把落实中央有关生态环境整改要求提升到讲政治高度的重要案例，震慑效果和警示作用突出，对推行生态文明思想，践行绿色发展理念意义重大。

截至2019年，祁连山国家级自然保护区现有面积198.72万公顷，其中张掖段151.91万公顷（含中农发山丹马场），占保护区总面积的76.44%，占张掖全市国土面积的36.2%。张掖是祁连山生态环境整治、保护与修复的主战场。

中央对甘肃省领导班子问责并处理一批干部后，甘肃省、张掖市把整治、保护和修复祁连山生态环境作为“天字一号”工程，坚持项目实施与祁连山生态环境突出问题整改整治相结合，在拉网式排查、评估受损生态的基础上，按照先急后缓、由表到本原则，开展系统性修复。通过两年多的持续整治，原环保部约谈、中央环保督察反馈、新闻媒体反映和全面自查清理出的179项具体生态环境问题全部完成现场整治，矿业权、水电站、旅游设施项目分类退出工作也全部完成，生态系统恢复良好，绿色转型发展迈出坚实步伐，被国家督导组称为自然保护区生态环境问题整改的“博物馆”“教科书”。主要整改措施有：

一是探采矿项目全部关停退出，矿山环境全面治理恢复。保护区内117项探采矿项目全部关停，撤离人员、拆除设施、封堵矿井、清理现场工作全面完成，采取平整覆土、种草造林、围栏封育、加固护坡等措施，实施矿区矿点地表生态恢复治理。采取注销式、扣除式、补偿式三种方式，推进矿业权分类退出工作。77宗应退出的矿业权已全部退出，矿权全部注销，祁连山自然保护区张掖段已无矿山探采活动，原矿山企业已全部关闭清理、现场修复、注销退出。

二是水利水电项目全部整治规范，河道生态基本流量足额下泄。对保护区内36项水利水电项目持续开展项目现场及周边环境整治和生态修复，全部配套建设了垃圾清运、污水处理等设施，生活垃圾和生活污水进行集中收集、定期拉运处理，危废物品分类储存；保护区内外已建成运行的引水式水电站全部建设安装了不受人为控制的生态基流下泄设施和监控设备，水电站引（泄）水流量数据接入生态基流监控平台，实现了远程视频监控全覆盖，确保河道生态基流足额下泄。同时，对在建水电站采取“一站一策”分类整治，6座停建退出和1座已建成自愿退出水电站已全部完成设施设备拆除清理和生态环境恢复等现场整治工作。

三是旅游设施项目完成分类整治，保护区核心区农牧民全部搬迁。对处于保护区核心区、缓冲区的5处旅游设施项目全部拆除基础设施，完全关停退出；对处于实验区内的旅游项目全部停业整治，在落实环保措施、补办缺失审批手续后规范运行；确定补偿退出的3项旅游项目已全部签订补偿协议退出。同时，采取一户确定一名护林员、一户培训一名实用技能人员、一户扶持一项持续增收项目、一户享受到一整套惠民政策的“四个一”措施，实施保护区核心区农牧民搬迁工程，2017年底核心区149户484人已全部搬出并妥善安置，6.37万公顷草原实施禁牧，3.06万头（只）牲畜出售或转移到保护区外舍饲养殖，祁连山保护区核心区（张掖段）生产经营项目全部退出，人为活动的扰动破坏基本禁绝。

四是草原超载问题整治任务提前完成，祁连山保护区张掖段草原实现草畜平衡。针对祁连山草原生态局部退化问题，严格实行以草定畜，落实草原奖补资金与禁牧、减畜挂钩政策，推行“牧区繁殖、农区育肥”发展模式，采取围栏封育、禁牧休牧、划区轮牧、退牧还草、补播改良等措施，加快整治草原超载过牧问题，提前完成3年草原减畜20.62万羊单位的任务，实现了草原草畜平衡的目标。同时，对祁连山保护区张掖段林草“一地两证”重叠区域重新确权颁证，22.84万公顷林草重叠区域实现权属分明，林草“一地两证”问题全面解决。

五是重大生态项目有效实施，祁连山生态修复治理进程不断加快。顺应祁连山生态系统的整体性、系统性及其内在规律，按照“整体保护、系统修复、综合治理”的要求，持续推进《祁连山生态保护与建设综合治理规划（2012—2020年）》和山水林田湖草生态保护修复项目有效实施，累计完成投资41.24亿元。高标准谋划实施了祁连山国家公园和黑河生态带、交通大林带、城市绿化带“一园三带”生态造林示范建设，2018年“一园三带”完成人工造林2.07万公顷，带动全市完成国土绿化3.39万公顷，为前三年人工造林面积的1.16倍；2019年安排造林绿化3.73万公顷。随着生态治理恢复等项目的实施，祁连山生态环境持续改善，矿山探采受损区域生态环境得以恢复，植被破坏、草原退化等问题缓解消除。如今，祁连山张掖段恢复往日平静，少了人为扰动，多了动物种群，一些多年难觅踪影的国家一、二级野生保护动物时有出现，生态修复治理区草木葱茏，植被得到有效保护和恢复，呈现出休养生息的良好景象。

六是祁连山生态保护长效机制不断健全完善，生态环境监管全面加强。按照“源头严防、过程严管、后果严惩”的思路，加强保护监管，加快制度创新，强化制度执行，着力维护祁连山生态平衡和生态安全。按照国家和省上要求，制订《重点生态功能区产业准入负面清单》，划定祁连山地区生态保护红线，开展了祁连山保护区自然资源统一确权登记试点。持续深化以“分区准入、分类管控、评管并重、优化服务”为重点的环评审批制度改革，重环评审批、轻监管落实的问题得到有效解决。在全省率先建成以卫星遥感技术运用为主体的“一库八网三平台”生态环保信息监控系统，初步形成“天上看、地上查、网上管”天地一体立体化生态环境监管监测网络，“张掖生态环境监测网络管理平台构成‘天眼’守护祁连山”获评“全国2018智慧环保十大创新案例”之一，生态环境监管机制体制进一步健全完善。建立落实多部门联动执法机制，坚持开展常态化巡查和执法检查。从保护区核心区搬迁的农牧民中每户选聘1名护林员，缓解了保护区管护人手紧张的问题，将管护触角延伸到了祁连山最偏远的地方。

七是自然保护区外围区域生态环境问题排查整治持续推进，全域生态环境质量有效改善。持续开展祁连山、黑河湿地自然保护区外围区域生态环境问题排查整治行动，祁连山保护区外围地带排查出的矿山项目全部完成现场整治任务，19座引水式电站全部建设安装了生态基流下泄设施和监控设备，自然保护区外河道采石采砂、排污企业、畜禽养殖、环保违规建设项目等一批生态环境突出问题得到有效整治。把整改、保护和修复祁连山生态环境与打好污染防治攻坚战结合起来，全面推进蓝天、碧水、净土保卫战。2017年市区环境空气质量综合指数在全省14个市州城市中张掖排名第一，2018年排名第二；黑河干流、黑河湿地地表水和城市集中式饮用水水源地水质稳定达标，城市黑臭水体得到有效整治；农业面源污染得到有效控制，化肥使用量增幅低于国家和省上控制指标，农药使用量实现了“零增长”目标，废旧农膜回收利用率达到80%以上。群众普遍反映张掖的天更蓝了、水更清了、地更绿了、河道干净了、黑臭水体和白色污染少多了、环境切实变美了。

八是“绿水青山就是金山银山”的理念深入人心，生态优先、绿色低碳循环发展方式加快形成。通过整改整治祁连山生态环境问题，干部群众的生态环保意识明显增强，“绿水青山就是金山银山”“保护生态环境就是保护生产力，改善生态环境就是发展生产力”的理念深入人心。切实做到了“凡不符合国家生态环保政策法规的决策一个不能定、项目一个不能上、事情一件不能办、活动一项不能搞”，不以牺牲环境为代价换取一时的经济增长。按照经济高质量发展和绿色发展崛起的要求，研究制订了《加快产业转型升级构建生态产业体系推动绿色发展崛起的意见》和绿色生态产业发展规划，筛选储备绿色生态产业项目382项，总投资1920亿元，并出台财税支持、人才支撑等相关配套政策，最大限度破解经济发展与生态保护之间的矛盾。生态产业、新型产业释放出新的绿色增长潜能，绿色发展方式和生活方式正在形成。

在2019年11月16日召开的中国生态文明论坛年会上，张掖市被授予第三批国家生态文明建设示范市称号。

2019年8月，习近平总书记考察甘肃期间，来到祁连山北麓大马营草原的山丹马场，实地查看祁连山生态修复保护情况。对祁连山生态环境修复和保护工作取得的阶段性成果，习近平总书记给予肯定："这些年来祁连山生态保护由乱到治，大见成效。"他叮嘱当地干部，要正确处理生产生活和生态环境的关系，积极发展生态环保、可持续的产业，保护好宝贵的草场资源，让祁连山绿水青山常在，永远造福草原各族群众。"我们发展到这个阶段，不能踩着西瓜皮往下溜，而是要继续爬坡过坎，实现高质量发展，绿水青山就可以成为金山银山。"

12.4　秦岭北麓西安段圈地建别墅

12.4.1　概况

秦岭之所以重要，是由秦岭的位置、高度、走向等众多因素决定的。从地理上看，秦岭刚好划分了我国南方和北方；长江、黄河的流域；800毫米降雨量；亚热带气候与温带气候；常绿阔叶林与落叶林等，正是因为如此，秦岭才被称为华夏文明的龙脉。

古代最早记述秦岭的文字是《山海经》和《禹贡》。《禹贡》的成书时间大致为战国时期，在它的文字记述中，中国山脉的布局是一个"三条四列"的系统，其中秦岭被列为中条。然而直到司马迁在他那著名的《史记》中写下"秦岭，天下之大阻"这句话之后，秦岭才有了正式的文字记载。

秦始皇认为秦岭是他发起的地方，认为高大的秦岭给他以统一天下的力量，他说道："秦为天下之脊，南山为秦之脊背。"自此，秦岭一名便延续至今。

秦岭是陕西省内关中平原与陕南地区的界山，狭义上的秦岭位于北纬32°～34°，介于关中平原和南面的汉江谷地之间，是嘉陵江、洛河、渭河、汉江4条河流的分水岭，东西绵延400～500千米，南北宽达100～150千米。

广义的秦岭，西起昆仑，中经陇南、陕南，东至鄂豫皖－大别山以及蚌埠附近的张八岭。其范围包括岷山以北，陇南和陕南蜿蜒于洮河与渭河以南、汉江与嘉陵江支流－白龙江以北的地区，东到豫西的伏牛山、熊耳山，在方城、南阳一带山脉断陷，形成南襄隘道，在豫、鄂交界处为桐柏山，在豫、鄂、皖交界处为大别山，走向变为西北－东南，到皖南霍山、嘉山一带为丘陵，走向为东北－西南。广义的秦岭是长江和黄河流域的分水岭。秦岭以南属亚热带气候，自然条件为南方型，以北属暖温带气候，自然条件为北方型。秦岭南北的农业生产特点也有显著的差异。因此，长期以来，人们把秦岭看作是中国“南方”和“北方”的地理分界线。

秦岭山地对气流运行有明显阻滞作用。夏季使湿润的海洋气流不易深入西北，使北方气候干燥；冬季阻滞寒潮南侵，使汉中盆地、四川盆地少受冷空气侵袭，因此秦岭成为亚热带与暖温带的分界线。秦岭以南河流不冻，植被以常绿阔叶林为主，土壤多酸性；秦岭以北为著名的黄土高原，1月平均气温在0℃以下，河流冻结，植物以落叶阔叶树为主，土壤富钙质。

秦岭地区的秦巴山区跨越商洛、安康、汉中等地区，自然资源丰富，素有“南北植物荟萃、南北生物物种库”之美誉。秦岭被子植物中约有木本植物70科、210属、1000多种，其中常绿阔叶木本植物占38科、70属、177种，除个别树种外，南坡都有生长，而北坡只有21属、46种；还是全国有名的“天然药库”，中草药种类1119种，列入国家“中草药资源调查表”的达286种。

秦岭地区野生动物中有大熊猫、金丝猴、羚牛等珍贵品种，鸟类有国家一级保护对象朱鹮和黑鹳。其中，大熊猫、金丝猴、羚牛、朱鹮被并称为“秦岭四宝”。在秦岭里，还藏匿着鬣羚、斑羚、野猪、黑熊、林麝、小麂、刺猬、竹鼠、鼯鼠、松鼠等哺乳动物，以及堪称世界上最为丰富的雉鸡类族群。秦岭现设有国家级太白山自然保护区和佛坪自然保护区。

秦岭南北的动物也有较大差别。就兽类来说，以秦岭为分布北界的有23种，占兽类总数的42%。秦岭以南的兽类中，有不少南方成分，如华氏菊蝠、金丝猴、大熊猫、猪獾、大灵猫、小灵猫、云豹、羚牛、苏门羚、豪猪等。而分布于秦岭以北的兽类，只有8种，占兽类总数的10%，主要有白股阔蝠和黄鼠等。

12.4.2 保护价值

秦岭是中华文化、中国历朝历代政治上的象征，是最具人文和政治色彩的山系，也许这才是秦岭最大的保护价值所在。

秦岭脚下诞生了中国古代的绚烂文明，是华夏文明的始发地。秦岭北坡的众多河流汇聚成黄河最大支流渭河，渭河冲击出了八百里秦川，关中平原。关中平原从远古时期就是人们田耕生活的场所，远古时期的后稷就在这里教人种庄稼，在秦岭人们能看到远古时期人们田耕的遗迹，半坡氏遗址。大禹封九州时，这里被封为雍州。富饶的关中平原也诞生了周王朝，它结束了商王的统治，开始了繁盛的西周王朝。西周建都于秦岭脚下的镐京，不仅仅因为这里是周人的故土，更因为这里有着土地肥沃的关中平原，周围有着崇山峻岭阻隔外敌入侵，其实早期“天府之国”是形容关中平原的。后来，秦国也是在这里走向强盛，最后建立了统一的帝国。同样，强盛的秦帝国也是在秦岭脚下的咸阳定都。

在巍峨的秦岭之中，汉王朝奠定了中国辽阔的版图。此外，沿着一条条秦岭古道，造纸术等中华文明的文化遗存，更是穿越千年时空留传后世。

莽莽秦岭之中，佛教在唐朝完成了它与中国传统文化的高度融合，谈起中国文明，后世人每每神往的是大唐王朝，而佛教文化便是盛唐文明尤为绚丽的一朵奇葩。

老子的《道德经》在秦岭著成，从这里流传，而以《道德经》为核心的道家思想与儒家思想亦成为中国古代思想文化史上的两座并峙高峰。

从秦岭流淌而出的河流浇灌了中国13个封建王朝，又承载着“南水北调”的使命，牵系着中国的未来。

秦岭深处的洋县是地球上唯一的朱鹮营巢地，人与自然和谐相处的思想在这里得到了最好的彰显。

秦岭密林深处，熊猫等珍稀动物在此自由地生活着，这里不但被称为野生动物的乐园，也被国际最大的自然保护组织世界自然基金会称为全球第83份“献给地球的礼物”。

从李白的《蜀道难》到白居易的《长恨歌》，从王维的《辋川图》到山水田园诗派，面对秦岭，历代诗人或挥笔豪放，书写秦岭的雄浑、奔放，或淡雅、内敛，挥洒自己对秦岭山水的感悟。

保护秦岭，就是保护华夏文明的根，保护中华民族的魂，保护华夏民族的脉，所以说，保护好秦岭，就是最大的政治。

12.4.3 问题与批示

20世纪90年代以来，秦岭北麓地区不断出现违规建设的别墅项目。中央曾三令五申，地方也出台多项政策法规，要求保护好秦岭生态环境。但仍有一些人盯上了秦岭的“好山好水”，违规建成的别墅导致大量耕地、林地被圈占。

公开报道显示，秦岭北麓的违建别墅始于2003年。当年陕西省政府已下发过通知：禁止任何单位和个人在秦岭北麓区域内从事房地产开发。也就是说当时已有开发商涉入违建别墅问题。

2007年1月，陕西出台了秦岭生态环境保护纲要，明确禁止任何单位和个人在秦岭北麓从事房地产开发、修建商品住宅和私人别墅，但数百套别墅还是拔地而起，分布在秦岭北麓5000多平方千米的范围内，对植被和河流等生态环境造成严重破坏。业主非富即贵，还有部分党政要员。

2012年8月，秦岭户县段圭峰山下41栋烂尾10年的违规别墅被拆除，官方称，将在统一规划下开发利用。但媒体调查发现，被拆别墅原址并未生态复原，而是换个由头又建新别墅。

2013年3月的两会上，仍不断有人反映秦岭南北麓别墅、污染企业、高尔夫球场等项目到处可见。党媒直言，“国家中央公园”成为权贵的乐园，“陕西绿肺”化为权贵的专属区。

其问题的严重性以颇受关注的陈路超大违建别墅为例：占用基本农田越过“红线”。从初步调查情况看，这是一起严重违反《土地管理法》，严重侵占农用耕地的违法行为。该项目所占土地全部为基本农田。巧立名目、手续全无，最初是以盆景栽植、园林绿化的名义与蔡家坡村三组签订了土地租赁协议。租赁土地后，未经土地部门批准，非法占地进行建设，违反了《土地管理法》第43条“任何单位和个人进行建设，需要使用土地的，必须依法申请使用国有土地”以及第44条“应当办理农用地转用审批手续”规定。别墅体量超大，共圈占基本农田约9409平方米，其中有鱼塘两处（约1098平方米），狗舍面积都达到了78平方米。

被党媒披露后，秦岭北麓违法建筑仍屹立不倒，甚至绵延成景、满山开花。

2014年3月，多家媒体再次揭露，秦岭北麓违建别墅，有村民说：“其实不乏有些领导干部，大家似乎都是心知肚明。”

秦岭北麓的别墅开始连片出现，在官员给开发商开口子的同时，秦岭的生态环境也被拉开了口子。自此秦岭违章别墅乱象愈演愈烈。在此过程中，秦岭违建别墅破坏生态环境问题被媒体多次曝光。

终于在2014年5月13日，习近平总书记就秦岭北麓西安段圈地建别墅问题作出重要批示，要求陕西省委、省政府主要负责同志关注此事。这是总书记第一次对秦岭违章别墅问题作出批示，自党的十八大过后不到两年。对此批示，当时的陕西省委主要领导没有传达学习，也没有研究。时任陕西省委常委、西安市委书记将批示转给了时任西安市市长，时任市长趁一次市政府常务会的间隙，在会议室走廊口头布置给了长安区、户县等区县领导。

由于传达之随意，竟至于参会的常务副市长直到一个月后才听说此事。接到指示的20多天后，“秦岭北麓违建整治调查小组”成立，担任组长的是已经退居二线的政府咨询员，且成员均是副手，根本没有能力动用政治资源。如此调查一个月后，即确认违建别墅已彻底查清，共计202栋。就这样，一个“202栋”的结果从县里到市里，从市里到了省里，最后到了中央。这显然是蒙混过关。

很快在2014年10月13日，习近平总书记再次作出重要批示，“务必高度重视，以坚决的态度予以整治，以实际行动遏止此类破坏生态文明的问题蔓延扩散”。

然而，这一次陕西省委、西安市委仍然没有真正重视，只是在上一次202栋的基础上常规性地进入了整治阶段。处置工作很快完成，对202栋别墅，拆除145栋、没收57栋。

报告很快拟就并上报中央，“202栋违建别墅已得到彻底处置”。与此同时，西安市主要领导在《陕西日报》联名发文，堂而皇之地宣称“以积极作为、勇于担当的态度，彻底查清了违法建筑底数，违法建筑整治工作全部完成”。而真实情况远甚于此，202栋违建别墅只是部分，另外一大批违建别墅则藏在了“文化旅游”的帽子下，这帽子被各级官员捂了个严严实实。

2015年2月到2018年4月，习近平总书记又作过3次重要批示，强调“对此类问题，就要扭住不放、一抓到底，不彻底解决、绝不放手”。

至此，总书记5次批示，且措辞越来越严厉，而陕西省委仍旧不领会精神，依旧虚与委蛇、作态应付。在陕西省委如此敷衍应付的姿态下，下面更加胆大妄为起来，户县、长安区甚至将别墅建设当成年度重点项目大力推进。违建别墅非但没有得到有效整治，反而越建越多。

终于，引发了第六次批示。2018年7月，习近平总书记对秦岭违建别墅再作批示："首先从政治纪律查起，彻底查处整而未治、阳奉阴违、禁而不绝的问题"。不同以往的是，这一次整治的重点已经不是生态环境问题了，而是政治生态问题。

2018年7月下旬，中央专门派出专项整治工作组入驻陕西，一场雷厉风行的专项整治行动在秦岭北麓西安境内展开。

12.4.4　整改和效果

2018年9月29日下午3时许，在秦岭脚下的鄠邑区石井镇，蔡家坡村支亮超大违建别墅在轰鸣声中瓦解。10月14日随着该项目周边围墙的彻底拆除，这一秦岭最大违规"超级别墅"项目与周边的青山绿树重新融为一体，代表着秦岭拆违工作取得了阶段性成果。

第六次批示并问责后，西安市大力实施了违建拆除、植被修复、河道整治、峪口综合治理等一系列专项行动，并专门出台了秦岭保护的地方性法规，初步建立了秦岭生态保护的长效机制。截至2020年，整改完成。

共清查出违建别墅1194栋，最终1185栋拆除、9栋没收，收回国有土地304公顷、退还集体土地2017公顷。一批党员干部因违纪违法被立案调查：在中央纪委督导下，有关部门深入对违纪违规人员进行查处，137名干部被追责，处分人员中县处级以上56人，3名厅局级干部被立案查处。共关闭46个矿权，矿权数量已经减少到14个（采矿权8个、探矿权6个）。完成蓝田县尧柏大茂嘴矿等16个矿山的地质环境治理。完成18.76万公顷永久基本农田划定，将1.14万公顷25度以上坡耕地从永久基本农田中退出（现状为耕地）；市政府与沿山6个区（县）政府签订了23.91万公顷耕地保护目标责任书，将区县耕地保有量、永久基本农田保护面积纳入全市年度目标责任考核内容。完成西安市秦岭生态环境保护区范围内农家乐治理1263户，采取农村管网收集的773户，自建设施148户，关闭取缔342户。

清理整治小水电站7座。建立健全秦岭生态环境保护长效机制84项工作任务。

秦岭北麓的生态恢复工程也取得了效果。西安市秦岭北麓违法建筑全部依法拆除、没收。违建别墅被拆除之后，当地有关部门根据植被恢复方案，随即开展了垃圾清运与生态修复等后续工作。通过土地复垦、栽植树木等方式，尽快恢复地面及违建周边生态环境，保护秦岭山体原有的完整生态系统。

根据整改方案，下一步西安将实施河道治理、峪口提升等生态项目建设，秦岭生态环境保护与富民工程相结合，加大秦岭保护执法力度，重拳打击乱砍滥伐、乱采乱挖、违法搭建等破坏秦岭生态环境的违法行为，持续加大秦岭生态保护力度，努力描绘“护一山碧绿，守一城安宁”的美景。

扭住问题不放手、根治顽疾抓到底，这就是习近平总书记一贯提倡的“钉钉子精神”。4年间就同一问题6作批示，习近平总书记身体力行“钉钉子”，以上率下真抓实干。

习近平总书记抓秦岭违建问题的整治，其意义远远超出了具体事件之外。对在一些地方和部门久治不愈的形式主义、官僚主义顽症，是一记响亮的警钟。秦岭违规开发建设整改开启了把生态环境问题作为政治生态问题的先河，也是因落实习近平总书记有关生态环境问题批示精神不力中央首次专门派出专项整治工作组入驻地方。警示作用和震慑效果空前，是习近平总书记生态保护问责式执政标志性案例。

拆掉1000多栋别墅不是多大的工程，违规别墅背后的违规官员、违规思想以及由此滋生出来的错综复杂的利益链才是问题的本质。也正是这些背后的蝇营狗苟才使得总书记的批示上下“空转”数次，使问题悬而不解。据专项整治工作组组长、中纪委副书记徐令义在调查后道出的实情，“违建别墅能大行其道，一些领导干部和管理部门的干部与开发商官商勾结、权钱交易是重要的原因。”

2020年4月，习近平总书记考察秦岭，是一次特殊的“环保督察回头看”。秦岭总算恢复了其秀丽本色。

第5篇

夫唯不盈 故能蔽而新成

本篇包括全面完成生态文明治国体系构建、生态文明建设取得新的突破、黄河流域地方政府生态自觉显成效、退耕还林还草工程诠释了“两山论”真理4章。

◆党的十八大以来，开启的绿色发展征程取得了巨大成就，铸就了民族复兴的伟大基业。生态文明制度体系已经构建完成，中央赋予林草系统维护国家生态安全、推进生态文明建设的主体地位。

◆生态文明建设取得新的突破，成功规避“先污染再治理”弯路，基本实现可持续发展能力，黄河流域生态进入全面恢复第一阶段，国土空间开发保护格局与生态安全屏障不断优化，结构战略调整推动社会经济绿色发展，污染防治攻坚战取得成效、生态环境质量明显改善，拟定了碳达峰、碳中和实现路径和目标。

◆黄河流域在全国生态区位具典型性和代表性。从宏观生态分析，区域性退化趋势始于黄河流域，治理也须从黄河流域着手。地方政府的生态自觉与中央政府是密切关联的，几十年来，黄河流域9个省（自治区）多管齐下，效果显著。在生态文明建设中，林草业发挥了无可替代的作用。

◆1999年启动的大规模退耕还林还草工程之所以能成功是有内在规律的，是体制生态自觉的必然产物，1998年特大洪灾只是触发因素，这也是大灾在生态文明建设史上的重大推动作用的体现。从粮食满足率和耕地实际需求变化揭示出退耕还林还草工程实施的内在规律和必然性。该特大型生态工程的成功科学地诠释了习近平“两山论”的真理性。

13 全面完成生态文明治国体系构建

13.1 生态文明制度体系

党的十八大以后，以习近平同志为核心的新一届党中央以纵览全局的眼光，洞察历史发展阶段所赋予的历史使命，及时地提出了转变发展方式、供给侧结构性改革、内外双循环发展等一系列新理念和新实践，也是习近平生态文明思想逐步成型的阶段。到党的十九大，党中央完整系统地提出了习近平生态文明思想，以及这一思想指导下，全党全国兴起的建设新时代社会主义生态文明伟大实践，以及在百年大变局关键时期引领中华民族由大变强的历史作用。

2012年11月，党的十八大从新的历史起点出发，做出“大力推进生态文明建设”的战略决策。十八届三中全会进一步就建立系统完整的生态文明制度体系做出顶层设计，自然资源资产产权制度和用途管制、划定生态保护红线建立生态保护底线、实行资源有偿使用和生态补偿等一系列制度的提出，创新和丰富了生态保护管理体制体系。2015年5月，《中共中央 国务院关于加快推进生态文明建设的意见》正式发布，10月纳入国家五年规划，2018年3月，第十三届全国人民代表大会第一次会议正式通过入宪。到党的十九大报告提出：人与自然是生命共同体，人类必须尊重自然、顺应自然、保护自然。由此，生态文明建设、“绿水青山就是金山银山”不再仅是一种理念，而成为我国的一项基本国策。

《长江保护法》、国家公园建设、创新生态文明体制机制、推进国家生态文明试验区（海南）建设等治理方略，自然保护地整合优化、“绿水青山就是金山银山”实践创新基地、生态文明建设与生态产品价值转化试点、碳达峰和碳中和等生态文明建设实践重大举措的推行，进一步丰富和发展了生态文明体系实践。

13.2 赋予林草业生态文明建设主体地位

13.2.1 林草在生态系统中的基础地位决定林草业的三个定位

森林、草原、湿地、荒漠、农田、城市六大生态系统构成了地球陆域主要的生态系统，是人类文明形成和发展的条件与基础。根据方精云院士的研究，我国实现森林、草地和荒漠面积622万平方千米，占我国陆域面积的65%；潜在森林、草地和荒漠面积947万平方千米，约占我国陆域面积的99%。对维护国家生态安全、推进生态文明建设具有基础性、战略性作用。

《中共中央 国务院关于加快林业发展的决定》（中发〔2003〕9号）对林业的发展给了三个定位：在贯彻可持续发展战略中，赋予林业以重要地位；在生态建设中，赋予林业以首要地位；在西部大开发中，赋予林业以基础地位。对林业在生态文明建设中的地位和作用给予了清晰明了的定位，生态文明主战场的地位无可撼动。2018年机构改革将草原、自然保护地的保护等职能划转到林业部门管理，这能够更加统筹协调建立以森林植被为主体、林草结合的国土生态安全体系。

中国工程院院士、北京林业大学草业与草原学院名誉院长任继周院士指出，林草科学是人类生存的根本。人类自起源开始，就在林草之间活动，人类发展紧紧围绕着林草展开。任院士表示，林草业科学是让人们有一种伦理关怀和生物关怀，就是要主动树立正确的三观。林草作为生物多样性中联系最为紧密的生态系统，开展综合性研究十分重要，各个生产层的研究空间广阔，林草作为生态文明建设的关键环节，战略地位尤为重要。

13.2.2 林草业在生态文明建设中具有主体地位

一是林草业在构建生态文明体系中肩负主体地位。以建设生态文明、促进绿色发展为主题，以改善生态、改善民生为主线，加快发展现代林草业，着力构建生态文明建设五大体系，体现在制度层面的顶层设计是构建国土生态空间体系，林草生态空间具有主体地位。保护和改善森林、草原、湿地、荒漠、农田、城市六大陆域生态系统，维护生物多样性以及发展生态产业、生态文化等诸多方面，林草主体责任无可替代，对拓展生态利用空间、优化生态建设布局、增加生态资源总量负有主体责任，也是建设生态文明、维护生态安全、促进绿色发展的主体力量。

二是肩负国土生态修复的主体责任。统筹山水林田湖草沙综合治理理念，开展造林绿化美化、退耕还林还草、破碎地生态治理、石（荒）漠化综合治理、防护林建设、退化湿地修复和草原草地修复等林草生态修复，不仅是赋予林草业的主要责任，而且也是着力解决国土绿色空间不平衡、环境绿化美化不充分的短板，引导群众因地制宜搞好国土生态修复，实现森林草原提质增效，提高防病防灾能力，确保国土生态安全的有效手段。同时林草业还肩负确保木材、木本粮油供应安全的重任，通过“大地种绿”与“心中播绿”并重，积极传播绿色理念，让植绿、护绿、爱绿的意识深深根植于群众心中，实现国土空间增绿、增彩的同时，实现林产品安全，是现代林草业的主要责任之一。

三是肩负林草资源监管和保护主体责任。严守林草生态红线、资源消耗上限，严格落实保护发展森林资源目标责任，健全国家、省、县三级林地保护利用规划体系，加强草原资源监测，落实自然保护地及自然资源有效保护，建立以就地保护为主，近地保护、迁地保护和离体保存为辅的生物多样性保护体系，完善重大林业和草原有害生物防治体系建设，是林草中心工作之一。

四是林草产业肩负生态富民主体责任。生态产品及木材、林下产品和木本粮油等林产品是森林草原的主要附加值，是满足人们美好生活的必需资源，也是林农收入的主要来源。实现国土空间增绿、增彩的同时，带动林农增收、增富，是践行“绿水青山就是金山银山”理念的重要途径。发挥林草金融、林业碳汇等现代金融创新优势，通过森林康养、生态旅游、战略储备林等生态产业化措施，以市场化为导向，盘活林草资源，变资源为资本、变资本为资金，统筹推进生态产业化和乡村振兴，实现生态扶贫与乡村振兴有机衔接，让乡村“靓”起来，群众“富”起来，特色“显”出来，活力“进”出来，是新时代赋予林草业的主体责任。

14　生态文明建设取得新的突破

14.1　基本实现可持续发展生态支撑能力

党的十八大以来，牢固树立了保护生态环境就是保护生产力、改善生态环境就是发展生产力的理念，着力补齐一块块生态短板。生态文明建设纳入了“五位一体”总体布局、新时代基本方略、新发展理念和三大攻坚战中，开展了一系列根本性、开创性、长远性工作，推动生态环境保护发生了历史性、转折性、全局性变化。在全面加强生态保护的基础上，不断加大生态修复力度，持续推进了大规模国土绿化、湿地与河湖保护修复、防沙治沙、水土保持、生物多样性保护、土地综合整治、海洋生态修复等重点生态工程，取得了显著成效。我国生态恶化趋势基本得到遏制，自然生态系统总体稳定向好，服务功能逐步增强，国家生态安全屏障骨架基本构筑，基本实现可持续发展生态支撑能力。

1. 森林资源总量持续快速增长

2015年，西起大兴安岭、东到长白山脉、北至小兴安岭，绵延数千千米的原始大森林里，千百年来的伐木声戛然而止。重点国有林区停伐，宣告多年来向森林过度索取的历史结束。通过三北、长江等重点防护林体系建设，天然林资源保护、退耕还林还草等重大生态工程建设，深入开展全民义务植树，森林资源总量实现快速增长。截至2018年底，年均新增造林超过600万公顷。森林质量提升，良种使用率从51%提高到61%，造林苗木合格率稳定在90%以上，累计建设国家储备林326万公顷。118个城市成为“国家森林城市”。三北工程启动两个百万亩防护林基地建设。全国森林面积居世界第五位，森林蓄积量居世界第六位，人工林面积长期居世界首位。

2. 草原生态系统恶化趋势得到遏制

通过实施退牧还草、退耕还草、草原生态保护和修复等工程，以及草原生态保护补助奖励等政策，草原生态系统质量有所改善，草原生态功能逐步恢复。2011～2018年，全国草原植被综合盖度从51%提高到55.7%，重点天然草原牲畜超载率从28%下降到10.2%。

3. 水土流失及荒漠化防治效果显著

积极实施京津风沙源治理、石漠化综合治理等防沙治沙工程和国家水土保持重点工程，启动了沙化土地封禁保护区等试点工作，全国荒漠化和沙化面积、石漠化面积持续减少，区域水土资源条件得到明显改善。2012年以来，全国水土流失面积减少了2123万公顷，完成防沙治沙1310万公顷、石漠化土地治理280万公顷。党的十八大后5年内我国治理沙化土地840万公顷，荒漠化沙化呈整体遏制、重点治理区明显改善的态势，沙化土地面积年均缩减1980平方千米、石漠化土地面积年均减少3860平方千米，实现了由“沙进人退”到“人进沙退”的历史性转变。

4. 河湖、湿地保护恢复初见成效

大力推行河长制、湖长制、湿地保护修复制度，着力实施湿地保护、退耕还湿、退田（圩）还湖、生态补水等保护和修复工程，积极保障河湖生态流量，初步形成了湿地自然保护区、湿地公园等多种形式的保护体系，改善了河湖、湿地生态状况。截至2018年底，恢复退化湿地2万公顷，退耕还湿1.33万公顷，我国国际重要湿地57处、国家级湿地类型自然保护区156处、国家湿地公园896处，全国湿地保护率达到52.2%。水生生态修复持续改善。全国地表水国控断面Ⅰ～Ⅲ类水体比例增加到67.8%，劣Ⅴ类水体比例下降到8.6%，大江大河干流水质稳步改善。

5. 海洋生态保护和修复取得积极成效

陆续开展了沿海防护林、滨海湿地修复、红树林保护、岸线整治修复、海岛保护、海湾综合整治等工作，局部海域生态环境得到改善，红树林、珊瑚礁、海草床、盐沼等典型生境退化趋势初步遏制，近岸海域生态状况总体呈现趋稳向好态势。截至2018年底，累计修复岸线约1000千米、滨海湿地9600公顷、海岛20个。

6. 生物多样性保护步伐加快

通过稳步推进国家公园体制试点，持续实施自然保护区建设、濒危野生动植物抢救性保护等工程，生物多样性保护取得积极成效。截至2018年底，我国已有各类自然保护区2700多处，90%的典型陆地生态系统类型、85%的野生动物种群和65%的高等植物群落纳入保护范围。大熊猫、朱鹮、东北虎、东北豹、藏羚羊、苏铁等濒危野生动植物种群数量呈稳中有升的态势。

14.2 黄河流域生态进入全面恢复第一阶段

黄河流域是我国生态区位、生态功能、生态质量等各方面均具有典型代表性的区域，是研究观测全国生态环境质量的最佳代表，2019年9月18日，习近平总书记在黄河流域生态保护和高质量发展座谈会上发表重要讲话，指出“保护黄河是事关中华民族伟大复兴的千秋大计”，选择该区域生态质量指标来衡量和评判全国生态环境整体状态具有代表性和科学性。

研究和监测表明，黄河流域生态状态已经进入全面恢复的初级阶段。表现在：

14.2.1　植被覆盖发生了显著的变化，水土流失得到遏制

1999年开始实施的“退耕还林还草”政策，使得整个流域的植被覆盖发生了显著的变化。研究表明，黄河流域大部分地区植被覆盖在2000年以后明显变好，且黄河中下游植被覆盖增加最为显著，整个黄河流域植被覆盖指数增加幅度达36.6%。其中，上游流域（兰州站以上集水区）1982～2017年增加了22.8%；中下游流域增加43.9%。近年来黄土高原输沙量的锐减，其主要原因也是造林绿化增加了下垫面的植被覆盖率，遏制了因降水产生的水土流失，减少了输入河流的泥沙。张艳芳等研究指出，从归一化植被指数（NDVI）和标准化降水-蒸散指数（SPEI）来看，黄河源区2000年以来总体上均呈波动上升趋势，即植被覆盖状况略有好转，干旱程度有所降低，仅源区中部及诺尔盖生态区干旱程度略有加剧，黄河源区总体而言气象干旱呈现出缓解的趋势。

14.2.2　上游降水量增加，进入“流域大气地面湿化耦合”第一阶段

甘肃省气象局总工程师张强认为：“西北地区西部降水增加趋势持续了30多年，这是一个相对较长的降水趋势增加期，也超过了计算基准气候态的30年气候期限，所以西北地区西部降水增加趋势基本可以肯定了。”“区域气候条件有所改善，气候舒适度有所提升；水资源总量有所增加，水循环机制有所改善，径流量和湖泊面积有所增大；部分地区的生态环境向好发展，一些脆弱敏感区域的生态退化趋势受到一定遏制；农作物适宜种植面积有所扩展，农业气候资源有所优化。”

任怡等研究发现，2000～2013年黄河上游源区段由干旱逐渐转为正常偏湿润。也有基于多组帕尔默干旱强度指数（PDSI）的分析表明，黄河源区自20世纪90年代以来的气象和水文干旱均有缓解的迹象。上游年降水量增加了33毫米，中下游流域年降水量减少了31.6毫米。

郑子彦等研究也表明，黄河源区自20世纪50年代以来降水总体呈现出不断增多的态势，其长期趋势达到每十年7.28毫米。其中，1951～2000年，黄河源区降水变化非常平稳，仅以每十年3.76毫米不显著的趋势呈微弱的增长；但自2001年之后，降水量以每年3.22毫米的速度迅猛增多，几乎是1951～2000年增速的10倍。

这与新中国生态建设史基本吻合，也与本研究提出的流域大气地面湿化耦合相符。

监测数据表明，2015年后陕西的降雨期拉长了，汛期来得早，结束得晚。多个县的林业部门监测统计表明，年降水量一般增加30～50毫米。时间与南水北调中线2014年底全线通水高度契合。

从监测和研究数据可以说明，一是黄河流域已进入上游湿润化的第一阶段，且这种趋势随着生态建设成果加大和大型生态干预工程建成在明显加快，也表明我国生态千年退化趋势已经步入逆转的良好局面。二是东线、中线生态调水补水工程的生态促进作用在区域宏观生态层面得到了验证，对加快西线工程建设的必要性有了新的认识。

14.3　国土空间开发保护格局与生态安全屏障不断优化

“三线一单”为国土空间开发利用定下生态规矩。“十三五”期间，京津冀3个省（直辖市）、长江经济带11个省（直辖市）和宁夏回族自治区共15个省份初步划定生态保护红线，其他16个省份基本形成划定方案。长江经济带11个省（直辖市）及青海省“三线一单”（生态保护红线、环境质量底线、资源利用上线和生态环境准入清单）成果发布实施，建设了“三线一单”数据应用平台，实现数据集中管理、数据共享。提出了基于污染和风险强度分级的工业项目分类管理。从空间布局约束、污染物排放管控、环境风险管控、资源利用效率维度，制订了“省－片区/流域－地市－单元”4个层次的生态环境准入清单。

实现生态环境质量稳中有升。2019年，全国生态环境状况指数值为51.3。817个开展生态环境动态变化评价的国家重点生态功能区县域中，与2017年相比，生态环境变好的县域占12.5%，基本稳定的占78.0%。

最近连续3年，联合国环境规划署将“地球卫士奖”分别颁给中国塞罕坝林场建设者、浙江省“千村示范、万村整治”工程和“蚂蚁森林”项目，折射出国际社会对中国生态文明实践的广泛认可，彰显保护全球生态安全的中国担当。

在全球森林资源持续减少的背景下，我国森林面积和蓄积量持续“双增长”。荒漠化和沙化土地面积连续3个监测期均保持缩减态势。联合国粮农组织发布的2020年《全球森林资源评估》，充分肯定了中国在森林保护和植树造林方面对全球的贡献。这份报告指出，近10年中国森林面积年均净增加量居全球第一，且远超其他国家。

“‘绿水青山就是金山银山’美妙地阐述了人与自然和谐共生的理念。”联合国环境规划署执行主任英厄·安诺生说，世界应与中国一道，坚持绿色可持续的发展道路，下定决心改善环境。

回顾21世纪初以来，似乎更能看清，生态文明思想和构建生态空间安全对我们来说到底意味着什么。这场变革的意义和成果，绝不只是“地球卫士奖”连续3年花落中国、为全球贡献了近1/4的“新绿”、二氧化碳排放量12年间下降近一半等这些让世界赞叹的成绩，绝不只是拨“霾”见蓝天、臭水沟变湿地公园、生态旅游成富民产业等这些身边的显性福利，也绝不只是社会环保意识增强、某行业循环经济产业链成型、多种能源资源节约等这些局部的系统性改善。而在于，它在我们还未被生态之槛完全绊住发展脚步之时，提出一种超越传统工业文明的新的文明境界，让重塑人与自然的关系成为可能，让突破社会发展瓶颈成为可能，让中国现代化发展取得战略主动、赢得转型时间成为可能，从而让中华民族永续发展成为可能。

14.4　结构战略调整推动社会经济绿色发展

产业结构加速绿色转型升级。“十三五”时期，创新型国家建设成果丰硕，全员劳动生产率和科技进步贡献率稳步提高，提交国际专利申请量跃居世界第一。化解钢铁产能约2亿吨，1.4亿吨地条钢全部清零。完成火电行业的超低排放改造，截止到2019年底，燃煤电厂累计完成超低排放改造8.9亿千瓦，占煤电总装机容量的86%，建成世界上最大规模的超低排放清洁煤电供应系统。积极推动钢铁行业超低排放改造，全国约6.1亿吨粗钢产能正在实施超低排放改造。

能源结构大幅度改善。“十三五”时期，我国单位GDP二氧化碳排放累计下降了18.2%。能源结构进一步清洁化低碳化，集中力量推进京津冀及周边地区、汾渭平原等区域散煤治理。清洁能源持续快速发展，进入较高比例增量替代和区域性存量替代新阶段，光伏、风能装机容量、发电量均居世界首位，全国清洁能源占能源消费的比重达到23.4%。可再生能源发电装机容量年均增长约12%，新增装机容量在全国电源新增装机容量中占比均超过50%，可再生能源已逐步成为新增电源装机主体。发展布局持续优化，区域分布更广泛，集中式与分布式并举的格局逐步形成。

交通运输结构进一步优化。“十三五”时期，京津冀地区煤炭集疏港实现了“公转铁”。全国范围全面供应国六标准汽柴油，实现车用柴油、普通柴油和部分船舶用油的“三油并轨”，普通柴油实现国四、国五、国六的“三级跳”。全国范围实施轻型汽车国六排放标准，积极推广清洁能源汽车。

14.5 生态环境质量明显改善

污染防治攻坚战实施顺利。蓝天保卫战、柴油货车污染治理、城市黑臭水体治理、渤海综合治理、长江保护修复、水源地保护、农业农村污染治理——污染防治攻坚战的这七大标志性战役深入推进，剑指老百姓身边的突出生态环境问题。

建立国控城市空气质量监测站点达1436个，国家地表水监测断面达2050个。全面建立和实施环评审批正面清单和监督执法正面清单，纳入环境监督执法正面清单的企业超过8.1万家。

监测表明，“十三五”规划纲要确定的$PM_{2.5}$未达标地级及以上城市浓度下降比例、地表水质量达到或好于III类水体比例、劣V类水体比例、单位GDP二氧化碳排放降低比例和化学需氧量、氨氮、二氧化硫、氮氧化物主要污染物的削减量，这8项生态环境保护领域的约束性指标已提前完成。2020年，全国地级及以上城市空气质量优良天数比例为87.2%，完成84.5%的约束性目标。与2015年相比，2019年全国地表水优良水质断面比例上升8.9个百分点，劣V类断面比例下降6.3个百分点。渤海50条国控入海河流中，46条水质达标，劣V类国控断面由10个降至2个。

我国成为全世界污水处理能力最大的国家，长江经济带95%的省级及以上工业园区建成污水集中处理设施。2804个饮用水水源地的10363个生态环境问题已完成整治。地级及以上城市建成区黑臭水体消除比例达86.7%。

土壤污染防治，取得重要进展。农用地土壤污染状况详查完成。1万余家企业纳入土壤环境重点监管名单，排查涉重金属企业13994家，实施重金属减排工程261个。

从2012年国内第一个跨省生态补偿机制试点在新安江流域开展至今，生态补偿机制已经在甘肃、重庆、京津冀地区等多地开展，好山水、好生态成了“有价之宝”。而不久前我国生态环境领域第一支国家级投资基金——总规模885亿元的国家绿色发展基金正式设立，则为生态环境保护经济政策体系再添新翼，绿色金融、绿色信贷等环境经济政策更加丰富，不断激发企业治污的内生动力。

农村生态环境发生明显转变。“十三五”期间，我国实施村庄清洁行动，清理农村生活垃圾、清理村内塘沟、实施厕所革命、减少化肥农药施用量、清理畜禽养殖粪污、改变影响农村人居环境的不良习惯，集中整治村庄“脏乱差”问题。95%以上的村庄开展了清洁活动，全国农村卫生厕所普及率达到65%以上。农村生活垃圾收运处置体系已覆盖全国90%以上的行政村，农村生活污水治理水平有新的提高。化肥农药使用量连续3年保持负增长，提前实现到2020年化肥农药使用量零增长的目标。全国畜禽粪污综合利用率达到75%，规模养殖场粪污处理设施装备配套率均达到93%。

应对气候变化成绩显著。我国成为世界上第一个大规模开展$PM_{2.5}$治理的发展中大国。86%的煤电机组实现超低排放，对约7.8亿吨粗钢产能开展超低排放改造。打赢蓝天保卫战重点区域强化监督定点帮扶行动中，交办各类问题15.59万个，京津冀6.2万余家涉及“散乱污”企业完成整治。

“十三五”期间，温室气体排放得到有效控制。全国单位二氧化碳排放持续下降，基本扭转了二氧化碳排放总量快速增长的局面，截至2019年底，碳排放强度比2015年下降18.2%，提前完成了“十三五”约束性目标。重点领域节能工作进展顺利，2016～2019年，规模以上企业单位工业增加值能耗累计下降超过15%，相当于节能4.8亿吨标准煤，节约能源成本约4000亿元。我国在28个城市开展了气候适应城市试点工作，开展了3批共6个省（自治区）81个城市低碳省市试点建设，强化应对气候变化和生态环境保护工作统筹协调。发挥投融资对应对气候变化的支撑作用，对落实国家自主贡献目标的促进作用，对绿色低碳发展的助推作用。

14.6 拟定碳达峰、碳中和实现路径和目标

2021年，中央提出我国力争2030年前实现碳达峰、2060年前实现碳中和的新的绿色发展目标，这是党中央经过深思熟虑作出的重大战略决策，为中华民族永续发展和构建人类命运共同体作出的新的战略部署。

政策从贯彻新发展理念，坚持系统观念，处理好发展和减排、整体和局部、短期和中长期的关系等方面提出了明确要求，以全国统筹、顶层设计、发挥制度优势、压实各方责任、根据各地实际分类施为策略，以全面绿色转型为引领，以能源绿色低碳发展、加快形成节约资源和保护环境的产业结构、生产方式、生活方式、空间格局，全面实现生态优先、绿色低碳的高质量发展目标。

15 黄河流域地方政府生态自觉显成效

15.1 青海省

15.1.1 概况及生物多样性特点

青海是生物多样性最具代表性的区域，珍藏着世界上最完整、最动人的生命序列。独特的生态系统，不但对中国、对东亚甚至对北半球的大气环流有着极其重要的影响，而且直接影响着我国天气、气候的形成和演变。

青海省位于我国西北部内陆腹地，青藏高原东北部，是青藏高原的重要组成部分。青藏高原是世界最大、海拔最高的高原，被称为“世界屋脊”和地球“第三极”，有喜马拉雅山、昆仑山、阿尔金山、祁连山、喀喇昆仑山、横断山脉和唐古拉山等山脉。其昆仑山脉、祁连山脉与阿尔金山脉之间形成中国四大盆地之一的柴达木高原盆地，以及在高原东北隅形成的青海湖，构成青南高原、柴达木盆地、祁连山地、青海湖盆地和湟水谷地五大生态板块。连绵的冰川和雪山使青海成为中国最著名的三大江河——黄河、长江和澜沧江的发源地；高山大川间河流密布，湖泊与沼泽众多，是国内湿地面积最大、分布最为集中的地区之一；高寒草原、灌丛和森林等生态系统，被联合国教科文组织誉为世界四大无公害超净区之一。

青海地跨黄河、长江、澜沧江、黑河四大水系，兼具青藏高原、内陆干旱盆地、黄土高原3种地形地貌。“三江源”素有“中华水塔”美誉，在维护国家生态安全中具有不可替代的重要地位。

青海省分布有脊椎动物605种，隶属于35目100科308属。其中：中国特有种117种，青藏高原特有种120余种，青海特有种18种；国家一级重点保护野生动物26种，国家二级重点保护野生动物69种，青海省重点保护野生动物47种。省内分布的野生植物约有3000多种，其中经济植物1000余种，药用植物680余种，名贵药材50多种。

青海省天然林资源主要分布在长江、黄河、澜沧江、黑河流域高山峡谷地带，海拔3200～4000米，是青藏高原高寒森林生态系统中的重要组成部分，也是“中华水塔”重要的生态安全屏障，发挥着涵养水源、水土保持、防风固沙、调节气候、防灾减灾、维持生物多样性等多种生态功能。

青海湿地面积达814.36万公顷，占全国湿地总面积的15.19%，居全国第一。省境内分布有沼泽、湖泊、河流和人工湿地四大类17型。其中，沼泽湿地564.54万公顷、湖泊湿地147.03万公顷、河流湿地88.53万公顷、人工湿地14.26万公顷。1992年，青海湖鸟岛列入国际重要湿地名录；2005年，扎陵湖、鄂陵湖列入国际重要湿地名录。青海共有19处国家湿地公园，总面积达32.5万公顷。

青海省荒漠化土地面积1913.8万公顷，占青海国土总面积的26.7%，占荒漠化监测区面积2222.1万公顷的86.1%。其中风蚀荒漠化类型土地面积为1296.1万公顷，水蚀荒漠化类型298.7万公顷，盐渍化荒漠化类型184.4万公顷，冻融荒漠化134.6万公顷。

青海省历史上有丰富的森林资源。据考古资料记载：在距今7000年左右的贵南县石器遗址中有木炭；距今6000年前的乐都遗址中有独木棺材；在距今2795±115年间周厉王时代的诺木洪遗址中有车毂出现……这说明青海省在数千年前就开始了森林的利用。据《后汉书·西羌传》载："河、湟间少五谷，多禽兽，以射猎为事。"明万历二十年（1592年）前后，西宁附近依然是树木葱葱，其北山设炼铁厂用木炭炼铁。明清以后，由于垦殖采伐日盛，森林面积逐年减少。从清末直到1949年新中国成立前40年间，青海森林受到极大破坏，民国4年（1915年）就有大批贩者入大通河林区伐木，运往兰州出售；民国28年（1939年）军阀马步芳成立"德兴海"商行兼伐木场，管理大通、祁连、同仁、贵德等地天然林的开采、运销，由大通河、湟水、黄河水运到兰州、宁夏出售。到1949年大通河两岸已无一处完整片林。

15.1.2　生态建设成效

（1）1949年至党的十八大前

自三北防护林体系建设工程实施以来，青海通过近40年的艰苦奋斗和不懈努力，相继完成一期、二期、三期、四期工程建设任务，共营造水土保持林20万公顷，治理水土流失面积79.67万公顷，控制水土流失5486平方千米，占建设区水土流失面积的20%以上。共完成人工造林88.95万公顷，封山育林104.05万公顷，有效增加了林地面积，全省三北地区的森林覆盖率由1978年的2.47%提高到2018年的6.3%，增加3.83个百分点。经过治理的丘陵山区基本实现洪水不下山、泥流不出沟、暴雨不成灾、粮食不减产。青海每年可减少8230万吨泥沙流入江河，减少了泥沙在下游河道、水库的淤积，与此同时也减少了土壤养分流失。据测算，青海省三北工程区年均粮食增产总量1.67万吨。

工程建设取得阶段性成效，工程区内荒漠化趋势得到整体遏制，水土流失得到有效控制，生态环境得到明显改善，沙产业得到较好发展。目前，青海省三北地区林地总面积超过330万公顷，活立木蓄积量增加到2858.7万立方米。三北工程区的生态面貌发生了极大变化，改变了青海局部地区的气候条件。全省荒漠化面积和沙化面积呈现“双下降”态势，柴达木盆地、三江源地区沙化土地面积总体减少，沙化程度降低；共和盆地、环青海湖地区沙化程度持续逆转，总体上实现从“沙进人退”到“人进沙退”、从扩展到缩减的跨越式转变。

（2）党的十八大后

生态文明制度逐步完善，制订了《青海省生态文明制度建设总体方案》《青海省生态文明建设促进条例》《青海省创建全国生态文明先行区行动方案》等，初步形成了较为完善的生态文明建设制度体系。编制实施《青海省主体功能区规划》，全省国土面积的90%列入限制开发区和禁止开发区，并逐步健全了相配套的重点生态功能区转移支付、森林生态效益补偿、草原生态保护补助奖励、湿地生态效益补偿等政策体系。

生态保护网络越织越牢，全力推进以国家公园为主体、各类自然保护区为基础、各类自然公园为补充的自然保护地体系。设立了三江源、祁连山两个国家公园，11个自然保护区，以及森林公园、沙漠公园、湿地公园、地质公园、世界自然遗产地等在内的各类自然保护地217处，总面积达25万平方千米，覆盖全省国土面积的35%，形成了生态保护建设新的时空格局，实现了对重要自然生态系统的有效保护。

生态保育成效显著，草原生态系统功能逐步恢复，2014年以来，草原植被盖度由50.17%提高到56.8%，产草量从每公顷2385千克提高到2925千克。森林生态系统功能不断提高，森林质量稳步提升。

湿地生态系统面积明显增加，三江源区湿地面积由3.9万平方千米增加到近5万平方千米，20世纪60年代消失的千湖竞流景观再现三江源头。青海湖面积2018年达到4563.88平方千米，较2004年扩大319.38平方千米。全省湿地面积达到813.33万公顷，位居全国第一。

荒漠生态系统面积持续缩减，第五次荒漠化和沙化监测显示，荒漠化土地年均减少1万公顷，沙化土地年均减少1.14万公顷，重点沙区实现了“沙逼人退”到“绿进沙退”的历史性转变。生物多样性显著增加，雪豹、普氏原羚、藏羚羊、野牦牛、藏野驴、黑颈鹤等珍稀濒危物种种群数量逐年增加，藏羚羊由20世纪90年代的不足3万只恢复到现在的7万多只，普氏原羚从300多只恢复到2000多只，青海湖鸟类种数由20世纪90年代的189种增加到223种。青海成为青藏高原生物多样性最丰富和最完整的生物基因库、最大的高原种质库。

生态环境质量总体保持稳定，2018年环境空气质量优良天数比例为94.6%，较年度目标高6.6个百分点，主要城市西宁、海东空气质量优良天数比例为83.4%，较年度目标高5.4个百分点；地表水水质达到或优于Ⅲ类，优良比例达到94.7%，劣Ⅴ类水质比例为0；县级以上城镇集中式饮用水水源地水质全部达到或优于Ⅲ类，县级以上集中式饮用水水源地水质达标率达到100%。

据中国1977～1981年森林资源清查统计，青海省森林面积为19.45万公顷，森林覆盖率0.3%，活立木总蓄积量2303.18万立方米，呈现森林资源少、分布不均、树种单纯、灌木林多。2014～2018年森林资源清查统计，青海省森林面积419.75万公顷，森林覆盖率5.82%，活立木蓄积量5556.86万立方米，森林蓄积量4864.15万立方米，每公顷蓄积量115.43立方米，森林植被总生物量11240.85万吨，总碳储量5580.57万吨。

根据2018年7月18日国务院新闻办公室发表的《青藏高原生态文明建设状况》白皮书：经过长期不懈努力，青海生态文明建设成效逐步显现，森林生态系统功能不断提高，草原生态系统功能有效恢复，湿地生态系统面积明显增加，荒漠生态系统面积持续缩减，生物多样性得到保护，环境质量全面改善，生态文明理念深入人心，为筑牢国家生态安全屏障和确保“一江清水向东流”做出了青海贡献。

15.1.3　生物多样性典型代表区域

（1）三江源国家公园

三江源国家公园地处青藏高原高寒草甸区向高寒荒漠区的过渡区，主要植被类型有高寒草原、高寒草甸和高山流石坡植被。受横断山和喜马拉雅植物区系影响及华东植物区系成分的侵入，形成了高原多样性生物环境和独特的高山生态系统。陆生脊椎动物有270种，其中兽类62种、鸟类196种、两栖类7种、爬行类5种。鸟类以古北界成分居优势，其中青藏区物种组成占很大比例，有18种之多，而特有种仅7种，主要是适应于青藏干寒气候的种类。野生植物分布处于青藏高原高寒草甸向高寒荒漠的过渡区，有蕨类植物4种、种子植物819种。野生植物种类以矮小的草本和垫状植物为主，以疏林形式体现居多。

三江源国家公园地处青海省玉树藏族自治州杂多县、治多县、曲麻莱县及果洛藏族自治州玛多县，包括长江源、黄河源、澜沧江源3个园区，总面积为12.31万平方千米，其中，冰川雪山833.4平方千米、河湖和湿地29842.8平方千米、草地86832.2平方千米、林地495.2平方千米。

（2）祁连山国家公园

祁连山国家公园冰川广布，面积7.17万公顷，储量875亿立方米，是青藏高原北部的“固体水库”，主要河流有黑河、八宝河、托勒河、疏勒河、党河、石羊河、大通河7条河流，流域地表水资源总量为60.2亿立方米。湿地总面积39.98万公顷。草地和森林面积达100.72万公顷，林地15.24万公顷。野生动植物丰富，脊椎动物28目63科294种，其中兽类69种、鸟类206种、两栖爬行类13种、鱼类6种，国家一级重点保护野生动物雪豹、白唇鹿、马麝、黑颈鹤、金雕、白肩雕、玉带海雕等15种；野生植物有95科451属1311种，其中，苔藓植物6种、蕨类植物19种、裸子植物12种、被子植物1274种，有国家重点保护野生植物34种。

祁连山国家公园位于青藏高原东北部，横跨甘肃和青海两省，总面积5.02万平方千米。青海省境内总面积1.58万平方千米，占祁连山国家公园总面积的31.5%，范围包括海北藏族自治州门源县、祁连县，海西州天峻县、德令哈市。

（3）青海湖保护区

青海湖保护区占整个流域面积的16.69%，以青海湖水体湿地、水禽候鸟及栖息地岛屿和湖岸湿地为主要保护区域，面积49.52万公顷。该区域有种子植物52科174属445种，其中裸子植物3属6种；脊椎动物有243种，隶属5纲24目，52科141属，其中兽类41种、鸟类189种、爬行类3种、两栖类2种和鱼类8种。青海湖及环湖地区的鸟类组成具有种类丰富、混杂现象突出、候鸟比例大等特点，与国内其他几个湖泊的鸟类比较具有独特性。

青海湖国家级自然保护区地处青海湖流域盆地的腹部，三面环山一面河谷地，四周山峦起伏，东与东北部为日月山和团宝山，北连大通山，南傍青海南山，西接布哈河谷地。青海湖流域面积2.96万平方千米；行政区域涉及海北藏族自治州的刚察、海晏2县，以及海南藏族自治州的共和县和海西蒙古族藏族自治州的天峻县。

15.2 四川省

15.2.1 概况及生物多样性特点

四川地处长江上游，黄河源头，幅员辽阔，占地面积48.6万平方千米，生物多样性丰富，拥有森林、草原、湿地、荒漠等生态系统，是全球34个生物多样性热点地区之一。

四川位于中国大陆地势三大阶梯中的第一阶梯青藏高原和第二阶梯长江中下游平原的过渡地带，地形地貌复杂多样，地势西高东低，由山地、丘陵、平原、盆地和高原构成；分属三大气候类型，分别为四川盆地中亚热带湿润气候、川西南山地亚热带半湿润气候、川西北高山高原高寒气候；整体环境清新，气候宜人，历来有“天府之国”的美誉。

四川是中国第二大林区，林地总面积2467万公顷，森林面积1927万公顷，林地面积居全国第三位，森林面积位列第四位，森林蓄积量位列全国第三位。

四川是中国第五大牧区，草原面积2087万公顷，占四川国土面积的43%；可利用天然草原面积1767万公顷，占四川草原总面积的84.7%，综合植被覆盖度85.6%。四川天然草原集中分布在甘孜、阿坝、凉山3个民族自治州，对于涵养长江黄河水源、维护生态安全具有十分重要的战略意义。四川草原资源类型多样，共有11类35组126个型，海拔270～5500米均有分布，主要为高寒草甸草地类、高寒灌丛草地类、山地灌草丛草地类等。草原天然牧草构成以禾本科、豆科、莎草科为主，其中禾本科植物355种，豆科植物213种。

四川被誉为“千河之省”，是长江经济带中湿地面积最大的内陆省，涵养长江流域30%的水量，补给黄河上游13%的水量，湿地生态系统多样性丰富，拥有沼泽、湖泊、河流、库塘等多种类型湿地。四川湿地总面积 174.77万公顷，其中自然湿地面积166.55万公顷（包括河流45.23万公顷，湖泊3.73万公顷，沼泽117.59万公顷），人工湿地面积8.22万公顷。湿地内生存的国家一、二级重点保护野生动物36种，国家一、二级重点保护野生植物5种。世界上近10%的野生黑颈鹤生活在若尔盖湿地，具有重要的生物多样性保护意义。

四川荒漠化表现为沙化、石漠化和干旱半干旱土地退化，有分布广、面积大、区域化的特点。沙化主要分布于川西北地区的18个市85个县，沙化总面积86.3万公顷，其中轻度沙化面积67.6万公顷，占沙化总面积78.3%，集中分布在阿坝州和甘孜州的31个县。石漠化主要分布在盆地丘陵及盆周山区、高山峡谷区过渡地带的10个市45个县，石漠化面积7319.3平方千米，重度和极重度石漠化面积888.7平方千米，占比13.27%。西部横断山区的金沙江、雅砻江、岷江、大渡河、安宁河的河谷地带是典型干旱半干旱区，总面积约133.52万公顷，占国土面积的2.74%。

四川陆生脊椎动物特有种居全国第一位，有脊椎动物1300余种，国家重点保护野生动物145种，其中国家一级重点保护野生动物32种，包括大熊猫、川金丝猴、扭角羚、雪豹、白唇鹿、四川山鹧鸪等。四川是国宝大熊猫的模式标本产地和现代分布中心，现有野生大熊猫1387只，人工圈养大熊猫521只，分别占全国总数的74.4%和86.8%。多年来，在大熊猫人工繁育领域一直保持领先地位，大熊猫种群数量、栖息地面积、野化培训和放归自然大熊猫数量均居全国第一。

四川分布高等植物1.4万余种，国家重点保护野生植物72种。其中，国家一级保护野生植物13种，包括光叶蕨、攀枝花苏铁、红豆杉、峨眉拟单性木兰、珙桐等。国内外享誉盛名的杜鹃，全世界约900余种，中国约600余种，四川占180余种，占全国所有种35%以上，占世界种数的20%以上，且四川分布的杜鹃多属狭域分布的稀有种，90%以上为中国特有种。

四川历史上森林资源丰富。据在安宁河上游冕宁发现的“古森林”研究证实，距今6000年前，是以云南铁杉、丽江铁杉、黄杉、云南松、华山松等针叶林，以及石栎、木荷、桦木等阔叶树组成的针阔叶混交林。《史记·货殖列传》中有巴蜀地饶“竹木之器”的记载。晋代左思《蜀都赋》提到四川森林茂密，而且“夹江傍山”十分普遍。进入唐、宋时期，四川经历贞观之治、开元盛世，大兴土木，发展经济，提倡农垦，使得四川盆地、丘陵的原始森林遭严重破坏而基本消失。在广开畲田、梯田，发展农业的同时，桑、茶、果、竹以及经济林也有所发展。安史之乱及宋末战乱，四川偏远山区森林受到一定程度的摧残。而东南山区人烟稀少，森林植被保存完好。明清大修宫殿，四川是采木基地之一。民国时期，特别是抗日战争期间，森林采伐遍及北川、汶川、峨边、马边等县。

15.2.2 生态建设成效

1949年以来，四川省林业发展较快。到1985年，全省造林保存面积达333.3万公顷，迹地更新保存面积22万公顷。为了保存大熊猫、银杉等珍稀动植物，从1963年起已先后建立自然保护区15个，面积47.68万公顷。

据1977～1981年森林资源清查统计，四川省森林面积为681.08万公顷，森林覆盖率12%，活立木总蓄积量115292.83万立方米。

根据2014～2018年森林资源清查统计，四川省森林面积1839.77万公顷，森林覆盖率38.03%，活立木蓄积量197201.77万立方米，森林蓄积量186099万立方米，每公顷蓄积量139.67立方米，森林植被总生物量150386.79万吨，总碳储量71582.45万吨。

15.2.3 生物多样性典型代表区域

（1）大熊猫国家公园

大熊猫是生物多样性保护的旗舰种和伞护种。大熊猫国家公园四川片区位于四川盆地与青藏高原的过渡地带，横跨岷山、邛崃山、大相岭、小相岭四大山系，南北跨度500余千米，东西跨度600余千米，海拔高度差近5000米。区内气候温暖湿润，地形地貌结构复杂，涵盖了大熊猫现今分布的主要区域。该区域也是全球生物多样性最丰富的地区之一，生存着包括熊猫、雪豹、川金丝猴、珙桐、红豆杉等在内的近万种珍稀野生动植物，有物种基因库之称。

大熊猫国家公园分布范围涉及四川、陕西、甘肃三省12个市30个县，总面积2.71万平方千米，其中大熊猫栖息地面积1.82万平方千米，分布有野生大熊猫1600余只。

（2）九寨沟

九寨沟国家级自然保护区位于阿坝藏族羌族自治州九寨沟县，是中国生物多样性优先保护区，被列入联合国教科文组织《世界自然遗产名录》，入选“世界人与生物圈保护网络”，并获得“绿色环球21”荣誉证书。保护区内的自然植被对维持长江流域生态平衡、减少水土流失量、调节气候、净化水质等都发挥着极为重要的作用。

保护区地处动物地理分布的古北界与东洋界的过渡地带，有国家一、二级保护动物18种，代表种有熊猫、川金丝猴等；国家重点保护野生植物74种。有林地面积29256.10公顷，植被垂直地带性分布规律明显，依次分布着温性针叶林带、针阔混交林带、寒温性针叶林带、高山灌丛草甸、流石滩植被。植被区系成分复杂多样，具有较高的生态价值和科研价值。

（3）黄龙保护区

黄龙自然保护区位于阿坝藏族羌族自治州松潘县，是中国西部生物多样性保护的重要区域。地处横断山川西高山峡谷地带，是以保护大熊猫等珍稀野生动植物及其生态系统和钙华景观为主的自然保护区。同时作为涪江的发源地，成为长江上游重要的水土保持和水源涵养区。

保护区内生物多样性丰富，珍稀特有种多，生物区系成分复杂，森林植被保存完整，先后被列入《世界自然遗产名录》和“世界人与生物圈保护区网络”，其紧邻九寨沟、白羊、王朗等自然保护区，是大熊猫及川金丝猴等野生动物物种交流的生态廊道，对促进岷山山系大熊猫等物种基因交流具有重要意义。

15.3 甘肃省

15.3.1 概况及生物多样性特点

甘肃地处黄河上游，是古丝绸之路的锁匙之地和黄金路段，它像一块宝玉，镶嵌在中国中部的黄土高原、青藏高原和内蒙古高原上，东西蜿蜒1600多千米，土地总面积42.59万平方千米。甘肃海拔大多在1000米以上，境内地势起伏、山岭连绵、江河奔流，地形复杂，生物多样性丰富。绵延的黄土高原，广袤的草原，茫茫的戈壁，洁白的冰川，构成了一幅雄浑壮丽的画面，整个地理形势宛如一柄玉如意。

甘肃是一个少林省，生态环境较为脆弱。乔木林以阔叶林为主，面积183.25万公顷，森林资源特点是总量不足、分布不均，主要集中分布在白龙江、洮河、小陇山、子午岭、大夏河、西秦岭、康南、祁连山、关山、马衔山等林区，中部及河西地区森林资源稀少。

甘肃草原面积1787万公顷，其中可利用草原面积1607万公顷，居全国第六位。草原是甘肃省内面积最大的陆地生态系统，主要分布于甘南高原、祁连山-阿尔金山及北部沙漠沿线一带，主要草原类型有高寒灌丛草甸、温性草原、高寒草原、温性草甸草原、高寒草甸、低平地草甸、暖性草丛等14类88个草地型，草原植被盖度为52.9%。

甘肃是长江、黄河和主要内陆河流的重要水源涵养区，承担着我国主要江河源头水源保护、涵养、防风固沙和生物多样性保护等重要生态功能。甘肃分布有河流湿地、湖泊湿地、沼泽湿地和人工湿地等多种类型的湿地169.39万公顷，湿地面积占甘肃国土面积的3.98%，有尕海、张掖黑河、盐池湾党河湿地等国际重要湿地。甘肃省共有国家湿地公园12处，总面积达2.48万公顷。

甘肃省荒漠化土地面积1950.20万公顷，占甘肃土地总面积的45.8%，占荒漠化监测区面积2690.33万公顷的77.1%。其中风蚀荒漠化土地面积1584.42万公顷，水蚀荒漠化土地面积278.93万公顷，盐渍化荒漠化土地面积71.83万公顷，冻融荒漠化土地面积15.03万公顷。

甘肃省分布有脊椎动物955种，有国家重点保护野生动物116种，其中国家一级保护野生动物33种，国家二级保护野生动物83种，主要有大熊猫、雪豹、川金丝猴、野马、野骆驼、梅花鹿、林麝、野牦牛、羚牛、黑颈鹤、黑鹳等。

甘肃共分布有高等植物5207种，其中属国家重点保护植物的有34种，包括一级保护野生植物发菜、红豆杉、南方红豆杉、珙桐、光叶珙桐、独叶草、银杏、水杉8种，二级保护野生植物26种，主要有秦岭冷杉、连香树、红豆树、水青树、野大豆、虫草等。被列入《濒危野生动植物种国际贸易公约》的野生植物有90余种，主要有红豆杉、肉苁蓉及兰科植物等。

甘肃历史上是个森林茂密、草原肥美、林牧发达的地方。古代，森林面积约占全省面积的1/3，整个陇南、祁连山地、甘南大部和陇东、陇中的山地均为原始森林所覆盖。据《汉书》记载“天水、陇西山多林木，民以板为室屋。”又载祁连山“多松柏五木”。直到宋代，通渭、陇西县境内仍有大面积原始森林，每年仅运往开封的大木料上万根。明代有人曾以“天晴万树排高浪”“绝顶青青立马看”的诗句来赞咏兰州皋兰山的丰富森林。但是后来由于人口的迅速增长和不合理的樵、牧、开垦，大大加速了森林的破坏。

15.3.2　生态建设成效

1949年以后，甘肃省林业发展较快。1952～1957年在定西与民勤建立了两个林业实验场，研究干旱与沙漠戈壁地区的治沙造林技术并进行推广。洮河林区从20世纪60年代以来贯彻以营林为基础的方针，研究云杉、冷杉林的经营，采取采、育、护相结合的措施，摸索了一套综合抚育的方法，全林区虽然采伐了20多年，但至今森林面积未减，森林环境未变，基本上做到“青山常在，永续利用”。甘肃自1979年起，在黄土丘陵沟壑水土流失区和河西走廊的风沙沿线，开始了“三北”防护林体系工程建设，截至1985年底，完成了第一期工程，造林保存面积52.5万公顷。全省已有31.7万公顷的农田实现了林网化，共建立了17个自然保护区。

1977～1981年森林资源清查统计，甘肃省森林面积为176.9万公顷，森林覆盖率3.9%，活立木总蓄积量17305.73万立方米。2014～2018年森林资源清查统计，甘肃省森林面积509.73万公顷，森林覆盖率11.33%，活立木蓄积量28386.88万立方米，森林蓄积量25188.89万立方米，每公顷蓄积量95.45立方米，森林植被总生物量32302.10万吨，总碳储量15789.07万吨。

15.3.3 生物多样性典型代表区域

（1）祁连山国家公园

祁连山国家公园地处甘肃、青海两省交界处，是国家重点生态功能区之一，承担着维护青藏高原生态平衡，阻止腾格里、巴丹吉林和库姆塔格三大沙漠南侵，保障黄河和河西内陆河径流补给的重任，在国家生态建设中具有十分重要的战略地位。祁连山国家公园总面积5.02万平方千米，其中甘肃省片区面积3.44万平方千米，占总面积的68.5%，涉及肃北蒙古族自治县、阿克塞哈萨克族自治县、肃南裕固族自治县、民乐县、永昌县、天祝藏族自治县、凉州区7个县（区），包括祁连山国家级自然保护区、盐池湾国家级自然保护区、天祝三峡国家森林公园、马蹄寺省级森林公园、冰沟河省级森林公园等保护地及中农发山丹马场、甘肃农垦集团。

祁连山是我国35个生物多样性保护优先区之一、世界高寒种质资源库和野生动物迁徙的重要廊道，是野牦牛、藏野驴、白唇鹿、岩羊、冬虫夏草、雪莲等珍稀濒危野生动植物物种栖息地及分布区，特别是中亚山地生物多样性旗舰物种雪豹的良好栖息地，有野生脊椎动物294种，高等植物1311种。

祁连山共有冰川2683条，面积1597.81平方千米。多年平均冰川融水量为9.9亿立方米，年出山径流量约为72.64亿立方米，灌溉了河西走廊和内蒙古额济纳旗7万多公顷农田，滋润了120万公顷林地和620万公顷草地，为700多万头牲畜和600多万人民提供了生产生活用水，是河西走廊乃至西部地区生存与发展的命脉，也是“一带一路”重要的经济通道和战略走廊，承载着联通东西、维护民族团结的重大战略任务。

（2）大熊猫国家公园

大熊猫国家公园白水江片区位于甘肃省南部，陕、甘、川三省交界处，涉及甘肃省陇南市文县和武都区，由甘肃白水江国家级自然保护区、甘肃裕河省级自然保护区、文县岷堡沟国有林场和武都区洛塘林场组成，总面积2570.9平方千米，占大熊猫国家公园体制试点区总面积的9.5%。

白水江片区分布有大熊猫、金丝猴、羚牛、金雕等国家一级保护野生动物11

种，黑熊、小熊猫、红腹锦鸡等国家二级保护野生动物45种。有红豆杉、珙桐、独叶草等国家一级保护野生植物5种，岷江柏木、秦岭冷杉、香果树等国家二级保护野生植物21种。白水江片区共有野生大熊猫111只，主要分布于海拔1700米以上摩天岭一线的针阔混交林带和落叶阔叶林带中。

15.4 宁夏回族自治区

15.4.1 概况及生物多样性特点

宁夏回族自治区位于中国西北内陆，地处黄河中上游地区及沙漠与黄土高原的交接地带，东邻陕西，南接甘肃，西、北与内蒙古自治区接壤，总面积519万公顷，占全国土地总面积的0.54%。现有自然保护地58处，其中国家级33处，自治区级25处，包括自然保护区、湿地公园、森林公园、沙漠公园、地质公园、矿山公园、自然保护点7种类型。

根据国家第五次全国荒漠化和沙化监测结果显示，全区沙化土地面积112.5万公顷，荒漠化土地面积279万公顷，连续20年沙化、荒漠化土地“双缩减”，实现了由“沙进人退”到“绿进沙退”的历史性转变。

宁夏共有脊椎动物415种，其中鱼类31种，两栖类6种，爬行类19种，哺乳动物74种，鸟类285种。其中包括国家重点保护野生动物51种，其中国家一级保护动物8种，分别是金钱豹、黑鹳、中华秋沙鸭、金雕、白尾金雕、胡兀鹫、大鸨和小鸨；国家二级保护动物43种，如白琵鹭、红腹锦鸡、石貂、猞猁、水獭等。

宁夏有高等植物1839种，其中被子植物1790种，裸子植物21种，蕨类植物28种。包括国家一级保护植物2种，分别是革苞菊和发菜，国家二级保护植物4种，分别是四合木、裸果木，沙芦草和野大豆。植被类型丰富，包含9个植被型30个亚型132个群系。

宁夏全区水土流失面积3.69万平方千米，占总面积的71.2%，每年因水土流失输入黄河的泥沙约1亿吨，是全国水土流失最严重的省区之一。宁夏南部山区黄土丘陵沟壑纵横，水力侵蚀严重；中北部受腾格里沙漠、乌兰布和沙漠、毛乌素沙漠三面夹击，风蚀沙化严重。

宁夏近90%的水资源来自黄河，59%的耕地用的是黄河水，77.7%的人饮用的是黄河水。正是有了黄河水的滋养，才有了鱼米之乡的“塞上江南”。

打开中国地图，细看黄河流域，宁夏是唯一一个全境属于黄河流域的省区。特殊的生态区位，以及其所处中国重要生态屏障和生态通道的独特生态地位，决定了宁夏担负维护西北乃至全国生态安全的使命。

据历史考证，宁夏古代是森林、灌丛、草原广覆的地区，特别是宁夏南部，更是森林茂密。2000多年前，六盘山一带是“其木多棕，其草多竹”。因森林多、植被好、人口又少，所以“山多林木，民以板为室屋”，沿袭久远而不衰。秦汉时期在宁夏北部屯垦，使贺兰山与罗山森林遭到一些破坏。到了唐代，贺兰山原始森林仍相当茂盛。西夏国的二百年（1032～1227年），因政治、军事、经济和文化建设的种种原因，宁夏森林破坏严重。宋代张舜民曾以诗篇发出了保护森林的呼吁：“灵洲城下千棵柳，总被官军砍做薪，他日玉关旧路去，将何攀折赠行人。”清代后期，贺兰山出现了专门的采伐行业“砍手”，一直延续到1949年。“砍手”的从业人员达600人之多，使该地森林又一次遭到严重破坏。

15.4.2　生态建设成效

宁夏的林业建设实际上从1958年开始，到1980年，在毛乌素沙区治沙造林1.3万公顷。中卫县绿化造林5400公顷，林带总长1500余千米，不但提供了大量民用材，而且保护了农田，使粮食增产40%。该县的沙坡头铁路固沙，以确保了包兰铁路平安通过腾格里沙漠而闻名。在南部的黄土高原区，沟深谷长，植被稀少，水土流失严重，到1980年止，营造水土保持林2万多公顷。联合国援建的西吉防护林工程，1982～1985年共造林5.28万公顷，种草5.13万公顷，全县林草覆盖率达到31.7%，基本解决了全县烧柴问题，土壤侵蚀量减少62.4%。

自治区成立以来，1978年前林业生态建设在曲折中前行，1978～1995年，“三北”防护林建设工程的实施，宁夏全境被规划为工程重点之后，采取一系列措施，宁夏的林业开始步入蓬勃发展的黄金时代。20世纪90年代以后，宁夏进一步扩大了治理规模，加大了农林牧综合治理的力度，在南部山区实行山、水、田、林、路小流域综合治理，控制水土流失；在中部沙区，开展沙漠化综合治理，营造沙漠绿洲。2005年后，宁夏各级政府牢固树立抓生态建设就是抓发展的理念，加快了造林绿化的步伐，全区林业生态建设取得了显著成就，截至2017年底，全区林地保有量达189万公顷，占全区国土总面积的35%。湿地面积达21万公顷，建成国家级自然保护区6个、湿地公园24个、国有林场90个、市民休闲森林公园26个，林业及相关产业产值达到200亿元。

贺兰山是宁夏的“父亲山”，为宁夏平原阻挡了沙漠、寒流的侵蚀。曾经的粗放无序开采，致使贺兰山满目疮痍，并登上了中央环保督察组的“黑名单”。

2016年7月，习近平总书记在宁夏考察时指出：“宁夏是西北地区重要的生态安全屏障，要大力加强绿色屏障建设。”2020年6月，习近平总书记再次来到宁夏视察，指出“要统筹推进生态保护修复和环境治理”，并赋予宁夏努力建设黄河流域生态保护和高质量发展先行区的时代重任。对于正处在转型关键期、动能换挡期、爬坡追赶期的宁夏而言，无疑具有“里程碑意义”。宁夏把加强生态环境保护列为推动黄河流域生态保护和高质量发展的首要任务，2019年12月，自治区党委作出了“守好三条生命线，走出一条高质量发展的新路子”的部署，把改善生态环境放在了“生命线”的高度谋划。2020年7月，自治区党委十二届十一次全会审议通过的《关于建设黄河流域生态保护和高质量发展先行区的实施意见》，明确了要构建黄河生态经济带和北部绿色发展区、中部防沙治沙区、南部水源涵养区的“一带三区”生态生产生活总体布局，抓好保障黄河安澜、保护修复生态、治理环境污染、优化资源利用、转变发展方式、完善基础设施、优化城镇布局、保障改善民生、加快生态建设、发展黄河文化10项重点任务。加强贺兰山、六盘山、罗山自然保护区建设，统筹推进生态修复和环境综合治理，一把尺子、一抓到底，不留漏洞、不留情面、不留后患，成为宁夏“治山”的方法论。

数字是最有力的证明。1977～1981年森林资源清查统计，宁夏回族自治区森林面积为9.51万公顷，森林覆盖率1.4%，活立木总蓄积量422.16万立方米。2014～2018年森林资源清查统计，宁夏回族自治区森林面积65.60万公顷，森林覆盖率12.63%，活立木蓄积量1111.14万立方米，森林蓄积量835.18万立方米，每公顷蓄积量48.25立方米，森林植被总生物量1670.11万吨，总碳储量814.91万吨。宁夏2019年统计和监测数据表明，宁夏的水、大气、生态环境持续改善，平均优良天数比例达到87.9%，地表水劣Ⅴ类水体断面实现“清零”，黄河干流宁夏段水质为优，50个土壤监测基础点位无机及有机污染物均未超标。

15.4.3 生物多样性典型代表区域

（1）贺兰山国家级自然保护区

贺兰山位于宁夏与内蒙古两区交界，北起巴彦敖包，南至毛土坑敖包及青铜峡，山势险峻，气势宏伟，如群马奔腾，蒙古语称骏马为“贺兰”，故名贺兰山。保护区内集中分布着中国西北地区约1万公顷大范围的云杉林，伫立于主峰放眼远眺，“万壑松涛”与“贺兰晴雪”交相辉映，自然风光一览无余。

贺兰山生物多样性丰富。植被垂直地带性差异明显，包含高山灌丛草甸、落叶阔叶林、针阔叶混交林、青海云杉林、油松林、山地草原等多种类型。自然分布野生植物有青海云杉、山杨、白桦、油松、蒙古扁桃等665种，野生动物有马鹿、獐、盘羊、金钱豹、青羊、石貂、蓝马鸡等180余种，包括国家重点保护野生动物43种，其中国家一级保护动物8种，国家二级保护动物35种。

贺兰山作为中国西北地区一条重要的自然地理分界线，不仅是中国河流外流区与内流区的分水岭，也是季风气候和非季风气候的分界线，中国草原与荒漠的划境线。贺兰山承担着宁夏回族自治区重要的生态安全屏障，山势的阻挡，既削弱了西北高寒气流的东袭，阻止了潮湿的东南季风西进，又遏制了腾格里沙漠的东移，形成了东部半农半牧区产业，西部纯牧区发展，东西两侧气候差异颇大。

（2）宁夏沙湖自治区级自然保护区

宁夏沙湖作为中国十大魅力湿地、宁夏新十景之一，镶嵌于贺兰山下、黄河岸边，距银川市42千米，景区总面积80.10平方千米，22.52平方千米的沙漠与45平方千米的水域毗邻而居，融江南水乡之灵秀与塞北大漠之雄浑为一体，被誉为“塞上明珠”。

宁夏沙湖湿地自然资源丰富，物种多样性极高。生活有脊椎动物241种，其中哺乳类28种、鸟类178种、爬行类10种、两栖类2种、鱼类23种。包含国家一级保护动物4种，分别是黑鹳、中华秋沙鸭、白尾海雕和大鸨，国家二级保护动物24种，如大鲵、角鸊鷉、斑嘴鹈鹕、白琵鹭、红隼等。湿地植被类型主要有盐生植被、沙生植被、水生植被和落叶阔叶林等。分布有维管植物162种，其中被子植物155种、裸子植物6种、蕨类植物1种。包含国家一级保护植物1种，即苏铁，国家二级保护植物2种，分别是沙芦草和野大豆。

“沙湖慷慨飞百鸟，换得美丽悦人间。”沙湖是著名的候鸟天堂，这里每年都举办国际观鸟节，曾被美国CNN评为“中国观鸟首选之地”。每年3～10月，近200种候鸟云集于此，最多时可达百万只。

15.5 内蒙古自治区

15.5.1 概况及生物多样性特点

内蒙古自治区位于中国北部边疆，总面积118.3万平方千米。地貌结构复杂多样，包括山地、高原、平原、丘陵等，其中以高原为主，平均海拔高度在1000米左右。森林、草原面积均居全国首位。特殊的地理环境，造就了大草原、大森林、大河湖、大湿地、大山脉、大沙漠等独特的资源分布格局。

内蒙古是中国北方面积最大、最为重要的生物多样性资源聚集地区。独特的自然环境格局和丰富多样的生境类型，为不同生物区系的相互交汇与融合提供了发展空间，成为现代许多物种的进化中心，又为某些古老物种提供了天然庇护场所。有各类自然保护地8类342处1535.41万公顷，约占自治区国土面积的13%。同时，内蒙古高原也是北方草原文化的摇篮，是中华文明的重要组成部分，是中国向北开放的重要窗口和“一带一路”建设的关键枢纽，国际地位日益彰显。

内蒙古天然林资源居全国之首，主要分布在内蒙古大兴安岭原始林区和大兴安岭南部山地等11片林区，森林组成结构复杂、物种多样性丰富，是内蒙古自治区生态安全的重要屏障。

内蒙古珍稀野生动植物种类繁多。现有陆生脊椎动物613种，其中鸟类442种，占全国近1/3；哺乳动物136种，占全国1/5。国家重点保护野生动物约116种，其中：国家一级保护动物26种，国家二级保护动物90种；被列入国际自然保护联盟（IUCN）保护的51种，被列入《濒危野生动植物国际贸易公约》的99种。鸟类中，被国际鸟盟定为受威胁鸟类有26种，列入《中国濒危动物红皮书》的动物名录101种，列入《中华人民共和国政府和日本政府保护候鸟及其栖息地环境的协定》的鸟类184种，列入《中华人民共和国政府和澳大利亚政府保护候鸟及其栖息地环境的协定》的鸟类51种。内蒙古是重要的候鸟迁飞通道，每年有300余种、上百万只候鸟通过自治区内3条通道停歇、补给和迁徙。

内蒙古自治区现存维管植物2619种，包括古地中海孑遗植物四合木、半日花等珍稀物种，被列入《国家重点保护野生植物名录》的有13种。

内蒙古分布着六类重要的草原生态系统，拥有温带气候区天然草原8800万公顷，其中可利用草原6800万公顷，是中国面积最大的天然草场和有机牧场，也是全国乃至全世界草原类型最多、保存最完整的自然地区之一。草原类型自东到西依次为草甸草原、典型草原、荒漠草原。草原作为内蒙古最重要的生态系统，发挥着调节气候、防风固沙、防止土壤沙化等生态服务功能。

内蒙古湿地资源独特，类型多样，湿地总面积600万公顷，占自治区国土面积的5.08%，居全国第三位。湿地植被群落结构复杂，拥有高等植物467种，为湿地动物尤其是一些珍稀濒危物种提供了良好的栖息地，是两栖类动物繁殖、越冬的极佳场所。已初步建立以湿地自然保护区和湿地公园为主要保护形式的多类型湿地保护体系，包括83处以湿地为保护对象的保护区、53处国家湿地公园、7处区级湿地公园、4处国际重要湿地。湿地已成为内蒙古重要的物种贮存库、生物基因库和气候调节器，在保护生态环境、维护生物多样性以及经济社会发展中，起到不可替代的关键作用。

内蒙古有荒漠化土地面积6093万公顷，占自治区国土面积的51.50%，分布于12个盟市的80个旗县。按荒漠化类型分，有风蚀荒漠化、水蚀荒漠化和盐渍化，其中以风蚀为主，风蚀荒漠化面积5531万公顷，占荒漠化土地总面积的90.80%。中国八大沙漠中有巴丹吉林、腾格里、乌兰布和库布齐四大沙漠均位于内蒙古荒漠区，是荒漠生态系统多样性保护的重要区域。

内蒙古地区在历史上大部分是森林茂密、水草丰美的地方。据史料记载，东部的科尔沁沙地，在17世纪时还是草丰林茂的地方，当时的清政府曾在这里设有牧场，19世纪初在西北部山地还有松林。据《归绥识略》记载，呼和浩特北百余里内产松柏林木。在自治区中西部的黄土丘陵区，二三百年前还有不少油松、侧柏等针叶林分布。由于历代王朝的乱垦滥划，帝国主义的掠夺，以及自然灾害等原因，使森林资源遭到严重破坏，全区除大兴安岭林区尚保留大面积的原始森林外，其他广大地区缺林少树，风沙、干旱、水土流失等自然灾害日益加剧。21世纪初全区还有沙漠戈壁3000万公顷，水土流失面积1866万公顷，每年向黄河输入泥沙达1.8亿吨。

15.5.2 生态建设成效

1949年后，内蒙古林业发展较快，到1980年，全区造林保存面积147万公顷。广大沙区通过造林种草、封沙、育林、育草、保护植被以及其他措施，已使部分流沙固定，局部地区沙化已经停止。内蒙古大兴安岭林区，1949～1982年，人工更新和天然更新100万公顷；生产木材8100万立方米，锯材730万立方米，栲胶9.3万吨，纤维板8.5万立方米。实现林业企业由以原木生产为主，逐步向以营林为基础、全面经营利用森林资源的方向转变。天然次生林通过保护、封育和更新造林等措施，到1980年面积已扩大到573.3万公顷，蓄积量增加到2亿立方米，与1949年相比，无论林地面积还是林木蓄积量都增加了1倍。

1977～1981年森林资源清查统计，内蒙古自治区森林面积为1374.01万公顷，森林覆盖率11.9%，活立木总蓄积量94617.31万立方米。2014～2018年森林资源清查统计，内蒙古自治区森林面积2614.85万公顷，森林覆盖率22.10%，活立木蓄积量166271.98万立方米，森林蓄积量152704.12万立方米，每公顷蓄积量86.95立方米，森林植被总生物量168103.75万吨，总碳储量82003.85万吨。

15.5.3 生物多样性典型代表区域

（1）呼伦贝尔草原

呼伦贝尔大草原被誉为“北国碧玉”，是中国原生态保存最完好的地区之一，亦是世界上天然草原保留面积最大的地方。呼伦贝尔得名于呼伦和贝尔两大湖泊，这里水草丰美，生长着碱草、针茅、苜蓿、冰草等120多种营养丰富的牧草，有“牧草王国”之称，是我国最大的无污染源动物食品基地。

呼伦贝尔草原与大兴安岭西麓的森林浑然交错，境内有超过13万平方千米的林海，8万余平方千米的草原，近3万平方千米的湿地，森林覆盖率51.4%，植被盖度74%，是世界著名的天然牧场。呼伦贝尔草原野生植物资源丰富，约1400余种，隶属100科450属，其中多年生草本植物是呼伦贝尔草原植物群落的基本生态特征。野生动物种类占全国总数的12.3%，占自治区总数的70%以上，居第一位，如丹顶鹤、天鹅等。丰富的生物多样性构成了目前中国规模最大、最为完整的草原生态系统，发挥着不可替代的生态服务功能。

（2）乌梁素海流域

乌梁素海流域地处内蒙古西部巴彦淖尔市境内，西连乌兰布和沙漠，南临黄河，东部毗邻乌拉山国家森林公园，北部与阴山山脉和乌拉特草原相接，包含河套平原的广大地区，流域总面积约1.63万平方千米，处于国家“两屏三带”生态安全战略格局中“北方防沙带”的关键地区，是我国第八大淡水湖，也是黄河流域最大的功能性湿地，承担着调节黄河水量、保护生物多样性、改善区域气候等重要功能，是黄河生态安全的“自然之肾”。同时，流域腹地的河套灌区是中国三大灌区之一和重要的商品粮油生产基地，是引领国家实施质量兴农战略的重点区域。

乌梁素海流域既是黄河中上游最大的农业用水区，更是最大的自然净化区，每年经三盛公水利枢纽灌溉耕地73万余公顷，最后全部退入乌梁素海，经其净化后由乌毛计泄水闸统一排入黄河。乌梁素海曾经接纳河套灌区90%以上的农田灌溉退水、生活污水和工业废水，20世纪80年代以后水质日益恶化，生态功能逐步退化，对黄河水生态安全造成严重威胁。2005～2014年，湖区水质一直徘徊在劣V类，其中2008年乌梁素海水污染达到顶峰，湖区一度暴发大面积“黄藻”。

近年来，在持续推进乌梁素海流域山水林田湖草沙一体化保护修复的基础上，2018年，纳入国家第三批生态保护修复工程试点，修复工程围绕“山、水、林、田、湖、草、沙”等生态要素，对流域内1.63万平方千米范围实施全流域、系统化治理。截至2020年底，已完成乌兰布和沙漠综合治理面积2667公顷，有效遏制了沙漠东侵，阻挡了泥沙流入黄河侵蚀河套平原。受损山体得到了修复，矿山地形地貌景观恢复了60%以上。项目区内河道水动力、水循环水质持续改善。2019年，乌梁素海整体水质达到V类，栖息鸟类的物种和数量明显增多，目前有鱼类20多种，鸟类260多种600多万只，包括国家一级保护动物斑嘴鹈鹕，以及国家二级保护动物疣鼻天鹅、白琵鹭等，其中疣鼻天鹅的数量从2000年的200余只增加到现在的近千只。

15.6 陕西省

15.6.1 概况及生物多样性特点

陕西省位于中国西北地区东部，地处我国内陆腹地，秦岭横亘中部，总面积20.56万平方千米。陕西以北山、秦岭为界，由北向南分为陕北黄土高原、关中平原、陕南秦巴山区三大自然区域，纵跨温带、暖温带和北亚热带3个气候带，物种资源十分丰富，区位优势非常明显，也是全球生物多样性保护热点区域。秦岭纵跨黄河、长江两大流域，是汉江、丹江和嘉陵江等几大江河的发源地，是南水北调中线引水工程主要水源地。秦岭、子午岭、大巴山3个地区生物多样性极其丰富，是我国生态安全的重要屏障。

陕西地形南北狭长，气候差异很大，森林类型较多，以落叶阔叶林为主，主要代表树种有：太白红杉、冷杉、华山松、油松、马尾松、杉木、侧柏、红桦、山杨、栓皮栎、麻栎、辽东栎、白桦、板栗、核桃、卜氏杨、柳树、漆树、油桐、千金榆。此外，代表性灌木有柠条、沙柳等，主要分布在陕北。天然林主要分布在秦岭、巴山、关山、桥山和黄龙山林区，其中以秦岭林区最多，有林地面积占全省有林地的54.1%，蓄积量占66.13%。秦岭是南北方气候的自然分界线，主峰太白山海拔3767米，森林植物有明显的垂直分布，由山麓到山顶可以划分为落叶栎林带、桦木林带、针叶林带和高山灌丛带。全省以生产木材为主的8个国营林业局（场）都分布在秦岭，建局（场）以来共生产商品材300多万立方米。1980年建立佛坪自然保护区以保护大熊猫为主。1981年秦岭确定为陕西省的水源涵养林区。

陕西省现有陆生野生动物791种，占中国2605种的30.4%，其中，哺乳类151种，鸟类560种，爬行类54种，两栖类26种。包括国家一级保护动物18种，如大熊猫、川金丝猴、金钱豹等；国家二级保护动物85种，如中华鬣羚、猞猁、红腹角雉等；省级保护动物52种。

陕西省有野生植物4400余种，为中国温带地区植物物种最为丰富的省份之一。其中国家一级保护植物6种，分别是红豆杉、南方红豆杉、华山新麦草、独叶草、珙桐和光叶珙桐；国家二级保护植物23种，包括秦岭冷杉、太白红杉、大果青杆、巴山榧树等；地方重点保护植物183种。大约70%～80%的物种分布于陕南秦巴山区，从分布地域来看，以大巴山东段及秦岭中段南坡的物种种类最为集中；从植物区系来看，植被分布呈现过渡性和复杂性，多种区系汇集于此。

陕西省湿地总面积30.85万公顷，占全省总面积的1.50%，湿地类型包括河流湿地、湖泊湿地、沼泽湿地和人工湿地四类12个湿地型，其中河流湿地占83.50%。陕西受保护湿地面积约12万公顷，包括湿地类型的自然保护区9处，国家级湿地公园43处。

陕西省有9个草原类402个草原型，大部分属于干旱半干旱草原。天然草原520万公顷，主要分布在陕北长城沿线风沙区和黄土高原沟壑区，其他草原以高山草甸为主。

历史上曾有西周、秦等13个王朝在今西安建都，前后经历1062年。周古公亶父（公元前1327年）由豳（今彬县）迁至岐下（今岐山县）时，“茫茫棫樸、薪之槱之”。及至秦始皇大兴土木，掘北山之石，伐蜀荆之木，“蜀山兀，阿房出”。秦统一六国之后，人口大量进入关中，垦殖面积增加，大片天然森林不复存在。到宋时，岐山一带已成“有山秃如赭，有水浊如泔”了。明嘉靖年间，社会动乱，外地百姓流向陕南道，居山中，作棚为舍，称之“棚民”，刀耕火种，毁林开荒，破坏森林。民国时期，曾建立过一些林业机构，例如1931年成立陕西省林务局，从1935年开始，先后建立了西安、草滩等7个林场，秦岭国有林区管理处、长江水源林区汉水分区、黄河水源林区洛水分区、核桃试验林场、西北农学院实习林场等林业管理、试验单位，进行过育苗、造林、护林等试验研究及局部地区的森林资源踏查。1946年西北林业企业公司由天水迁至宝鸡，秦岭沿山私人木商甚多，以采伐、经销木材为业；同时平原地区农民为逃避苛捐杂税，又纷纷入山毁林开荒种地，以致森林遭到严重破坏，使陕北高原呈现一片荒漠景象，沙化、水土流失极为严重，每年流入黄河的泥沙约8亿吨，占三门峡以上总输沙量的一半。

15.6.2　生态建设成效

1949年以来，陕西省根据陕北、关中和陕南3个自然地理区的不同特点，积极开展了生态保护和造林绿化。一是在陕北高原营造防风固沙林和水土保持林。截至1985年底，在“三北”防护林体系工程建设范围的49个县共造林100万公顷，位于毛乌素沙漠南缘榆林地区的长城沿线风沙区，营造防风固沙林26万公顷，固定流沙20万公顷，使6.6万公顷农田免受风沙侵袭之害。在渭北黄土高原沟壑区的淳化、长武等县营造沟坡刺槐林，对水土保持产生了显著作用。二是开展关中平原“四旁”绿化，广植杨树、泡桐，在80万公顷的耕地上营造农田林网，明显减轻了夏初干热风的危害，并缓和了农村用材、烧柴的困难。三是陕南地区重点发展用材林和经济林。经过几十年的努力，陕南呈现出资源丰富、品种繁多的林特产品优势，商洛的核桃不仅质量好，且产量占到全省50%，成为当地农民一项主要收入。安康地区已经是生漆和桐油的盛产之地，平利县的“牛王牌”生漆，驰名中外，岚皋县的生漆产量居全国各县之首。

生物多样性保护成效显著。截至20世纪80年代，朱鹮已成当时存在的数量最少的珍禽之一，也是秦岭四宝之一。1981年5月在陕南洋县重新发现了两巢7只朱鹮，为保护其栖息及繁殖的生境，实施了一系列保护措施，建立了朱鹮保护站，到2000年实现野外种群、人工种群数量双双破百，2005年正式建立陕西汉中朱鹮国家级自然保护区。2013年在铜川市耀州区沮河流域野化放飞朱鹮32只，这是中国在秦岭以北首次开展朱鹮野化放飞实验。根据陕西省林业局2020年发布的《陕西省朱鹮保护成果报告》，全球朱鹮种群数量已扩展到5000余只，其中中国境内4400只（陕西境内4100只）、日本582只、韩国380只，种群数量呈现倒金字塔增长，朱鹮受危等级由极危降为濒危，稳步增长态势基本形成。

1977～1981年森林资源清查统计，陕西省森林面积447万公顷，森林覆盖率21.7%，活立木总蓄积量27934.63万立方米。2014～2018年森林资源清查统计，陕西省森林面积886.84万公顷，森林覆盖率43.06%，活立木蓄积量51023.42万立方米，森林蓄积量47866.70万立方米，每公顷蓄积量67.69立方米，森林植被总生物量64878.19万吨，总碳储量31670.15万吨。

15.6.3　生态修复和植被恢复典型案例

（1）榆林

榆林坐拥庞大的资源优势，被号称为“全国能源第一市”，冠以“中国的科威特”之称，榆林作为国家能源资源富集区和中国能源重化工基地，资源开发与环境保护的矛盾十分突出。历史上这里遍布着60万顷（合今313.33万公顷）的原始森林，是万类竞自由的天堂。但是，处于当时文化政治中心地域的原始森林，成了人类索取的对象，森林面积越来越少，生态质量不断退化，沙化面积不断扩展，自唐起开始形成沙漠，毛乌素沙漠距今已经有千年的历史了。新中国成立初期，榆林全境仅残存4万公顷天然林，林木覆盖率只有0.9%，流沙吞没农田牧场8万公顷，北部沙区仅存的11万公顷农田也处于赤裸沙丘包围之中，将近27万公顷牧场沙化、盐渍化，退化严重，沙区6个城镇400多个村庄被风沙侵袭压埋，风沙区的农牧民不断南撤，形成了“沙进人退”的生态恶劣局面。

新中国成立后，榆林人第一件大事就是治沙造林。在干旱少雨、生态脆弱的自然条件下，榆林用了70年时间，将数百年以来被破坏的林木植被数量提高了近30倍。在我国土地沙化尚在扩展的状况下，榆林大地就已基本消灭了沙漠化土地，率先实现了荒漠化的逆转。

通过坚持不懈实施三北防护林、防沙治沙综合治理、退耕还林（草）、天然林保护、京津风沙源治理等国家重点生态工程项目，使一块又一块流动沙地被固定和半固定，初步形成了带片网、乔灌草相结合的区域性防护林体系。北部风沙区建成总长1500千米、造林约12万公顷的长城、北缘、环山、灵榆4条大型防风固沙林带，沙漠腹地营造起667公顷以上成片林165块，仅21世纪，榆林新建常绿针叶林12万公顷，完成“667公顷连接工程”52片。几十年来，榆林人始终坚持

“南治土、北治沙”战略，生态环境得到全面改善，全市林木覆盖率由新中国成立初的0.9%提高到33%；沙区造林保存面积91万公顷，林木覆盖率43.5%；57万公顷流沙全部得到固定和半固定，沙区樟子松保存面积达到约9万公顷。南部丘陵沟壑区造林保存面积约53万公顷，林木覆盖率23.3%。全市整体实现了从“沙进人退”到“人进沙退”的历史性转变，绿色正在成为榆林大地的主基调。

尤其可喜的是，榆林已初步走上沙漠治理产业化、产业发展促治沙的良性循环之路，建立起以种植业、养殖业、加工业、旅游业、新能源等为主的沙产业体系，在林草防护林保障下，沙区成为全市粮食主产区和全省畜牧业基地及新木本粮油食品——长柄扁桃油原料基地，“绿水青山就是金山银山”在治沙过程中逐步变成现实。

“中国的治沙经验是从榆林走出来的，榆林的防沙治沙取得了巨大成就，目前仍然对全国防沙治沙工作具有重要的引领作用。”在2018年第24届世界防治荒漠化与干旱日纪念大会上，时任国家林业和草原局局长张建龙给予榆林治沙工作这样的评价。

（2）延安

在很多人印象里，干旱、黄土、窑洞、白头巾、革命圣地是延安的主要特征。新中国成立的时候，延安的森林覆盖率不足10%，是十足的黄土地。经过几十年的植树造林、退耕还林，今天延安的森林覆盖率已经超过了50%，拥有6个国家森林公园，在陕西仅次于西安，与安康并列第二。

延安市曾一度是黄河中游水土流失最为严重的地区之一，全市约八成土地存在水土流失问题。20世纪，每年有2.58亿吨泥沙从延安冲入黄河，占到入黄泥沙总量的1/6。20世纪末开始，延安在国家退耕还林工程带动下开始大范围施行退耕还林和生态修复工程，2012年起更进一步，开展了全市创建国家森林城市的工作。多年的生态建设，延安的生态环境发生了翻天覆地的变化。据《陕西省林业发展区划》记载，无论是有林地面积，还是森林蓄积量，延安都是排在汉中之后的陕西全省第二林业大市。延安市林业局直接管理着四大林业局——黄龙山林业局、劳山林业局、桥北林业局、乔山林业局，这在全省属“独一无二”。延安的四大林业局所辖林区构成黄土高原的“两叶肺”，是黄土高原的生态核心。其中，桥北林业局面积30多万公顷，活立木总蓄积量1055万立方米，森林覆盖率为71%，富县版图的大部分被桥北林区所覆盖；乔山林业局面积约16.67万公顷，活立木蓄积量863万立方米，森林覆盖率95.5%，黄陵县版图的大部分被乔山林区所覆盖；劳山林业局面积16.67万公顷，活立木蓄积量113万立方米，森林覆盖率77%，甘泉县版图的大部分被劳山林区所覆盖；黄龙山林业局面积20万公顷，活立木蓄积量846万立方米，森林覆盖率90%，黄龙县版图的大部分被黄龙山林区所覆盖。

1999～2010年，全市共完成营造林面积99.41万公顷，完成投资82.55亿元，年均营造林面积以9万公顷的速度递增。退耕还林累计完成59.78万公顷；天保工程累计完成公益林建设21.32万公顷，落实森林管护面积208万公顷；三北防护林工程营造林8.87万公顷；德援、日元贷款项目营造林2.53万公顷。据2010年卫星遥感监测，延安市植被覆盖度达66.2%。全市水土流失综合治理程度由原来的20.7%提高到45.5%，延安大地的基准色调实现了由黄到绿的历史性转变。曾经那个印象中沟壑纵横、黄沙漫漫的延安，经过20多年退耕还林工作，已经实现了从黄到绿的历史性转变，为全球生态治理提供了“延安样本”。

生态产业化成效显著。大概在2000年，延安的苹果面积、产量占到全省的1/6～1/5。退耕还林之后，延安果业在全省全国的地位得以大幅度提升。苹果已经从延安南部的黄陵、黄龙、洛川、富县、宜川出发，向延安北部的宝塔、安塞、志丹、延长、延川扩展。在延安境内，所到之处，几乎处处产苹果。延安发布的统计公报显示，2019年，延安苹果面积26.19万公顷，产量349.8万吨，全市苹果总产量370万吨。面积、产量约占世界的1/20、中国的1/10、陕西的1/3，全国每出产10个苹果就有1个来自延安。如今，延安以苹果种植面积大、品质高闻名于世。延安是中国的红色之都，也是世界的苹果之都。延安的红枣也久负盛名，黄陵县、富县、宝塔区就看见不少以红枣命名的饭店、酒馆，而真正盛产红枣的地方是在黄河沿岸。延川县被国家林草局命名为“中国红枣之乡”，红枣面积超过2.67万公顷，产量接近6万吨。

延安既是退耕还林的策源地，也是退耕还林的急先锋。1997年8月，江泽民同志在陕北治理水土流失、改善生态环境的经验材料上批示“再造一个山川秀美的西北地区”。时隔两年，1999年8月，朱镕基同志在延安考察生态建设时指出：延安人民要继续发扬艰苦奋斗精神，把过去“兄妹开荒”发展为“兄妹造林”，大力开展植树种草，治理水土流失，建设一个山清水秀的新延安。正是在这次调研中提出了“退耕还林（草）、封山绿化、个体承包、以粮代赈”的政策措施，并要求延安在退耕还林工作上先走一步，为全国作出榜样。以此为契机，延安锁定“山川秀美”目标不动摇，在退耕还林上不遗余力，大刀阔斧。截至2011年全市退耕还林接近67万公顷，成为全国退耕还林第一市。全市林草覆盖率由退耕还林前的43%提高到58%。主要河流含沙量较前下降8个百分点，年径流量增加1000万立方米。据北京林业大学在吴起、安塞两县监测的结果显示，土壤年侵蚀模数由退耕前的每平方千米1.53万吨，下降到0.54万吨。

20世纪80年代，吴起曾实施外援项目，修筑宽幅梯田，解决粮食高产稳产问题。站在施工现场的高点看吴起，山峁就像是蒸熟的馒头，群山泛起黄色，光秃秃，很难看见绿色。当时流传着“春种一面坡、秋收一袋粮”的说法。1997年，吴起县开全国之先河，痛下决心，彻底退耕还林，恢复和重建生态。吴起县因“一举全退”闻名全国，并始终保持着县级“退耕还林面积全国第一”的头衔。全县退耕还林16万多公顷，林草覆盖率由退耕前的不足20%，一举增加到63%以上。不仅如此，2009年吴起启动退耕还林森林公园项目，以县城为中心，覆盖周边100平方千米，包括城市十里森林长廊、中央红军长征胜利纪念园、大吉沟树木园、袁沟休闲度假园、沙棘产业化种植示范园、饲料林草高效种植模式示范园、退耕还林生态修复完善区7个主题公园，集旅游观光、休闲度假、退耕还林展示等多项功能于一体。如今的吴起版图，就像一只展翅的绿色蝴蝶印记在黄土高原上，其边缘清晰可辨。有人这么说，如果改革开放的前沿在沿海，那么退耕还林的前沿就在延安；如果说改革开放的桥头堡是深圳，那么退耕还林的桥头堡就在吴起，虽不太贴切，但基本能说明事实情况。

数据显示，2015年以来陕西的雨季拉长了，汛期来得早，结束得晚；大风暴雨少了，和风细雨多了；河水清了，泥沙少了，蓝天多了。多个县的林业部门统计表明，降雨年均增加30～50毫米。2019年，延安空气质量综合考核、$PM_{2.5}$单项指标考核均居全省第一，城区空气质量优良天数323天，创历史新高。森林覆盖率提高到53.07%，植被覆盖度达到81.3%。

15.6.4 生物多样性典型代表区域

（1）秦岭

秦岭位于华夏腹地，界分南北，是中华民族的祖脉和中华文化的重要象征。自115万年前蓝田人于山谷间繁衍生息起，多元却又统一的中华文化便沿着秦岭铺陈开来。周、秦、汉、唐等13个王朝千余年的兴衰荣枯在此更迭，西安是中国建都时代最早、建都王朝最多、定都时间最久、都城规模最大、历史文化遗迹最丰富的古代政治中心；儒学在此跻身庙堂，道教在此发源兴起，佛教在此祖庭遍布；造纸术等中华文明的文化遗存沿着一条条秦岭古道，穿越千年时空留传后世；从李白的《蜀道难》到白居易的《长恨歌》，历代诗人挥笔写下秦岭的雄浑、奔放，或淡雅、内敛。秦岭承载与积淀了中华民族深厚的历史记忆，被尊为华夏文明的龙脉。

秦岭作为中国南北方最重要的生态安全屏障，野生动植物资源丰富，素有“南北植物荟萃，南北生物特种库”的美誉。秦岭山脉分布有陆生脊椎动物587种，其中，哺乳类112种，鸟类418种，爬行类39种，两栖类18种，包括国家一级保护动物12种，国家二级保护动63种，省级重点保护动物45种，其中大熊猫、金丝猴、羚牛、朱鹮并称为“秦岭四宝”。种子植物3800余种，其中国家一级保护植物6种，国家二级保护植物23种，省级重点保护植物183种。这些丰富的野生动植物资源使秦岭成为全球34个生物多样性热点地区之一，中国“具有全球意义的生物多样性保护关键地区”，在中国乃至东亚地区具有重要的典型性和代表性，被誉为“生物基因库”，生物多样性极其丰富。

秦岭－淮河一线是中国重要的地理概念，为中国南北方地理分界线、1月份0℃等温线及800毫米年等降水量线，亚热带季风气候与温带季风气候、温带大陆性气候由此区分，亚热带常绿阔叶林与温带落叶针阔混交林在此交替；同时还是黄河、长江的分水岭。

（2）大熊猫国家公园

大熊猫国家公园陕西秦岭区总面积43.86万公顷，囊括了秦岭70%以上的大熊猫栖息地。其中，核心保护区面积31.51万公顷，一般控制区面积12.35万公顷。区域涉及西安、宝鸡、汉中、安康4市8县的19个乡镇，分布大熊猫298只，涵盖了12个自然保护区、2个森林公园、2个水利风景区、3个省属林业局和16个林场。设立了大熊猫国家公园太白山、长青、佛坪、周至、宁太5个管理分局和秦岭大熊猫研究中心。

大熊猫国家公园的建立打破了传统大熊猫种群被隔离、栖息地破碎化的现状，以大熊猫为核心的生物多样性保护，维护和修复了大熊猫栖息地脆弱的生态系统，加强了栖息地连通廊道建设，复壮和回归了野生大熊猫种群。

15.7 山西省

15.7.1 概况及生物多样性特点

山西地处黄土高原东部、华北平原西侧，总面积15.66万平方千米；四周山环水绕，域内高山横亘、丘陵连绵，有“表里山河”称谓。山西是中华民族的发祥地，历史悠久，人文荟萃，拥有丰厚的历史文化遗产，迄今为止有文字记载的历史达3000年之久，被誉为“华夏文明的摇篮”，有“中国古代文化博物馆”之美称。

山西现有陆生脊椎野生动物457种，其中鸟类346种，兽类70种，两栖类13种，爬行类28种，属于国家重点保护的珍稀动物有73种。其中，一级保护动物有17种，二级保护动物有56种，属于省级重点保护的有171种。其中，褐马鸡、黑鹳、华北豹、原麝为山西四大旗舰物种。

现有野生植物2743种，占全国的22.8%。其中国家一级重点保护野生植物1种（南方红豆杉）、国家二级重点保护野生植物5种（连香树、翅果油树、水曲柳、紫椴、野大豆）。

山西分布的国家重点保护野生动物“华北豹”种群数量在全国居于首位。平陆、灵丘、翼城三县分别被授予“大天鹅之乡”“黑鹳之乡”“翅果油之乡”称号。山西省的省鸟褐马鸡分布已经由吕梁山扩散至中条山。野生动物种群数及种类不断增加，珍稀植物不断扩繁，物种多样性不断丰富。

山西现有森林321万公顷。天然林主要群落有：寒温性落叶松、云杉、冷杉针叶林和桦木林，温性油松、辽东栎、山杨、青杨针阔混交林，暖温性栓皮栎、槲栎、橿子栎、槭树等落叶阔叶林和白皮松、华山松、侧柏针叶林。

山西复杂的地形和环境，造就了草原物种的多样性。草地生态系统有：亚高山草甸、高中山山坡草地、滩涂草甸、山地灌丛、疏林草地、暖性灌丛六大草地类型。天然草地总面积455.2万公顷，占国土面积的29%。

山西省属于干旱和半干旱地区，湿地面积小、湿地资源奇缺，且分布不均匀，各类湿地总面积15.19万公顷，占山西土地总面积的0.97%，主要有河流、湖泊、沼泽、人工四大湿地类型。虽然山西属于湿地小省，但湿地生物多样，动植物资源丰富，目前有湿地野生植物609种，占山西省高等植物种总数的22.20%；湿地陆生野生动物232种，占山西省陆生野生动物物种总数的42.26%。针对山西省特殊的湿地环境，当前主要以建立湿地类型自然保护区和湿地公园来对弥足珍贵的湿地资源开展抢救性保护，经过持续努力，目前山西湿地保护率已达47.10%。

山西省的荒漠资源主要集中在晋西北，属于过渡性沙化地带。多年来，始终坚持生态为基、保护为先的发展理念，通过建立国家沙漠公园，不断开展植被恢复、生态保护治理以及生物防治等工作，有效保护了区域内生态系统的平衡。

山西历史上森林资源丰富，在西周的时候，山西的森林覆盖率约为50%以上。即使到唐、宋，全域依然广布森林。宋末元初，由于毁林种田和战争摧残，破坏了一些森林。而大规模地滥伐是从明代开始，明《清凉山志·高胡二公禁伐传》“尔后傍山之民，率以伐木。”“川木即穷，又入谷中，千百成群，散山罗野，斧斤如雨，喊声震天。”山西森林经明、清、民国几个时期的反复破坏，到1949年已所剩无几，全省仅残存森林36.73万公顷，森林覆盖率仅为2.4%。

15.7.2　生态建设成效

1949年以来，山西省林业实行以造林为主的方针，在保护和扩大现有森林资源的同时，大力发展国营造林和集体造林，并鼓励农民个人植树。在生产布局上集中力量建设5个重点项目：①在水土流失、风沙危害严重的西山地区建设75万公顷防护林体系。截至1984年底新造林69.5万公顷。②东山地区建设66.7万公顷用材防护林，现已造林34万公顷。③51个平原县推广夏县绿化经验，截至1984年底，已在103.7万公顷耕地上营造了林网，有33个县基本实现了平原绿化。平原地区还发展了以杨树、泡桐为主的速生丰产林。④建设以红枣、核桃为主的木本粮油林基地。截至1984年底，全省建立枣树基地县45个，核桃基地县19个，木本粮油树木发展到8847万株，年总产量达1.5亿千克。⑤保护和发展国有林。从20世纪50年代初，即在国有林区设立了8个林业分局、41个林业办事处，后改成森林经营局。在管理体制上，由省林业厅直接管辖8个森林经营局、杨树丰产林实验局及所属林场，其他国营林场及国营苗圃分属地（市）、县林业部门管理，形成了稳定的分级管理体制，使国有林得到保护和发展。到1984年，国有林区共生产木材210万立方米。

据1977～1981年森林资源清查统计，山西省森林面积81万公顷，森林覆盖率5.2%，活立木总蓄积量5338.2万立方米。天然林主要分布在管涔山、五台山、关帝山、黑茶山、太行山、太岳山、吕梁山、中条山8个林区。南部的中条山林区和吕梁山系的南段为暖温带的栎类、杨桦阔叶杂木林，间有少量华山松、油松、侧柏、白皮松、红豆杉。1983年10月，在中条山林区历山自然保护区（垣曲县境内），发现有一块面积为800公顷的以辽东栎、五角枫等落叶阔叶树为主的原始森林，林内还有连香树、山白树等亚热带树种。吕梁山系中段的关帝山林区是落叶松、油松为主的针阔混交林。吕梁山系北段的管涔山林区和五台山、恒山林区为云杉、落叶松针叶林。东部的太岳、太行山林区为油松、山杨、桦木、栎类针阔混交林。汾河、桑干河、滹沱河、漳河、沁河等河谷盆地则是以杨树为主的人工林。山西的乔灌木树种约有500多种。森林动物有兽类79种，鸟类275种，列入国家一类保护动物的有褐马鸡、虎、梅花鹿、黑鹳、白鹳、朱鹮、丹顶鹤7种。

全省有自然保护区4处，面积6.23万公顷。

根据2014～2018年森林资源清查统计，山西省森林面积321.09万公顷，森林覆盖率20.5%，活立木蓄积量14778.65万立方米，森林蓄积量12923.37万立方米，每公顷蓄积量52.88立方米，森林植被总生物量23058.30万吨，总碳储量11351.65万吨。

15.7.3　生物多样性典型代表区域

（1）五台山

五台山由一系列大山和群峰组成，其中5座高峰峰顶平坦如台，故名五台山。因山上气候多寒，盛夏仍不见炎暑，故又别称清凉山。五台山最低海拔624米，最高处北台顶海拔3061.1米，有“华北屋脊”之称，并拥有独特而完整的地球早期地质地貌，被誉为“中国地质博物馆”。

五台山与众不同的5个台顶，形成了独特的自然奇观。其奇特独有的高山、亚高山、高寒植物，与类型繁多的冰缘地貌、地质地貌的多样性，造就了五台山特有的景观多样性。其植被分布具有明显的垂直地带性，形成罕见的自然美地带。海拔2810米以下为典型的山地针叶林带，海拔2810米左右为森林上限，林下草本植物群落分布在海拔2865米左右，海拔2810～3015米的乔木已不能成林，以树岛或孤立木的形式存在，在海拔2965米以上开始出现高山蒿草草甸，而海拔3015米以上几乎全部被高山蒿草草甸占据。

（2）中条山林区

山西省林业和草原局九大直属林业局之一的中条山林区位于太行山和华山之间，地势狭长，故而得名。主峰雪花山，海拔1994米；东北端与王屋山相接的历山，海拔2322米，为涑水河发源地。中条山高达82.2%的森林覆盖率，使之成为山西省南部最重要的生态屏障之一；此外也是山西省生物多样性最丰富的地区，被盛誉为“华北地区动植物资源宝库”，20世纪90年代初，在中条山发现2万多公顷原始森林，分布有连香树、山白树、红石极、青檀等珍贵树种，还有金猫、金雕、金钱豹、猕猴、大鲵等稀有动物。中条山林区内的历山国家级自然保护区舜王坪亚高山草甸是华北典型的亚高山草甸之一，是山西省特色花海基地。

“墨脱归来不言路，混沟归来不言沟”，中条山保存有华北唯一的一块原始森林——“七十二混沟”，混沟的天然、复层、异龄林是森林生态系统的重要代表。其与太行山交叉形成独特的动植物避难所，动植物种类繁多，具有丰富的遗传多样性，是山西动植物的基因库。混沟是中条山生态类型的标的，具有国家代表性、生态典型性和高位完整性。

15.8 河南省

15.8.1 概况及生物多样性特点

河南省是华夏民族与中华文明的发祥地，享誉世界的中国古代四大发明中的指南针、造纸术、火药三大创造均发明于河南。历史上先后有20余个朝代建都或迁都河南，是中国古都数量最密集的省份。

河南省位于中国中部、黄河中下游，古称天地之中，海河、黄河、淮河、长江四大水系贯穿全境，1500余条河流纵横交织，水资源丰沛，被视为中国之中而天下之枢。河南省地貌较为复杂，在中国处于第二级地貌台阶向第三级地貌台阶的过渡带，境内有山地、丘陵、平原等。地势西高东低，北、西、南三面环山，囊括了太行山脉、伏牛山脉、桐柏山脉和大别山脉，东部平畴千里，是广阔的黄淮海冲积平原，山区与平原之间的过渡地带多系低山丘陵或垄岗，从而形成了河南独具特色的自然景观。

河南省现有森林公园121处，总面积29.24万公顷，其中国家级森林公园33处，面积12.62万公顷。

河南省物种资源丰富，有陆生脊椎动物520种，其中两栖类20种，爬行类38种，鸟类382种，兽类80种，包括国家一级保护动物大鸨、东方白鹳、黑鹳、金钱豹等16种，国家二级保护动物77种，省级重点保护野生动物35种。

河南省有维管束植物4473种，其中蕨类植物有255种，裸子植物75种，被子植物4143种，包括中国特有植物666种，国家一级重点保护野生植物5种，分别是红豆杉、南方红豆杉、银杏、银缕梅和华山新麦草，国家二级重点保护野生植物24种，有大别山五针松、金钱松、香果树等。

河南省湿地总面积62.8万公顷，占国土面积的3.8%，湿地保护率达50.4%。河南湿地类型丰富，囊括了河流湿地、湖泊湿地、沼泽湿地和人工湿地四大类。

河南省地处中原，自商、周以来，有20多个朝代曾在安阳、洛阳、开封等城建都。其他如商丘、许昌、新郑、淇县、濮阳、上蔡、新蔡、淮阳、南阳、杞县在春秋战国也曾建过都。由于社会生产的发展与人民生活的需要，以及历代频繁的战争，森林遭到严重破坏。历史上黄河改道、决口1500多次，1938年在花园口扒开大堤，黄水泛滥豫东达8年之久，形成大面积沙荒、低洼与盐碱地的黄泛区。30年代末，省农业改造所的森林系下设开封、辉县、洛阳、商丘、嵩山、龙门林场与洛宁水土保持站等林业机构。1942～1948年全省共造林1亿株。

15.8.2　生态建设成效

1949年后，河南林业有了较大发展。到1980年造林保存面积56.2万公顷，“四旁”植树保存10余亿株。其中包括50年代初豫东营造长520千米、占地面积11万公顷的5条防护林带，70年代兴起的农田林网面积95.6万公顷，农林间作面积60余万公顷，以及豫西20万公顷刺槐为主的坑木林等。同时，在有条件地区积极开展封山育林和飞机播种造林，取得较为明显的生态效益与经济效益。①改善了豫东20余万公顷的沙荒、流动沙丘与近200万公顷的泛风、盐碱低产耕地所造成的种不保收，人民不能定居的恶劣环境条件。农作物在林带、林网或间作林木的庇护下，平均增产20%左右，平原农田林网经营好的乡、村，林木蓄积量达人均1立方米，农民用材自给有余。②位于太行山区济源县的蟒河流域，过去广大浅山丘陵的森林全部遭到破坏，平时河水干涸，汛期山洪暴发，常淹没农田，十年九旱，种不保收。现在县内蟒河的干、支流的森林植被（乔、灌、草）覆盖率达到50%～75%，森林蓄水能力达80.2%～87.0%，洪峰削减率达61.9%～86.2%，减少含沙量94%。

据1977～1981年森林资源清查统计，河南省森林面积为141.99万公顷，森林覆盖率8.5%，活立木总蓄积量6821.86万立方米。根据2014～2018年森林资源清查统计，河南省森林面积403.18万公顷，森林覆盖率24.14%，活立木蓄积量

26564.48万立方米，森林蓄积量20719.12万立方米，每公顷蓄积量59.49立方米，森林植被总生物量32329.49万吨，总碳储量15595.39万吨。

15.8.3　生物多样性典型代表区域

（1）大别山

大别山是中国著名的革命老区之一，位于中国河南、安徽、湖北三省交界，是长江与淮河的分水岭，地理位置上具有中国第二阶梯向第三阶梯过渡的独特属性，特有物种丰富，是华北、华中和华东植被的镶嵌地带，三区植被区系相互渗透，兼容并存，得天独厚的自然条件造就了秀丽丰富的景观多样性。

大别山具有典型的山地气候特征，森林海拔差异较大，植被资源优渥，有7个植被类型组13个植被类型，植被变化明显，生物多样性丰富。现有高等植物2777种，其中苔藓植物283种，蕨类植物161种，裸子植物24种，被子植物2309种，是长江以北种子植物分布最丰富的地区之一。

动物区系以东洋界区系为主，南北方动物相互渗透，现有陆生脊椎动物425种，其中两栖类20种，爬行类38种，鸟类295种，兽类72种，此外，还有鱼类81种，昆虫2123种，包括国家重点保护动物64种，其中一级保护动物7种，国家二级保护动物57种。

（2）黄河国家地质公园

郑州黄河国家地质公园地处黄河中下游交界处，黄土高原与黄淮平原的过渡地带，南依邙山，北抵黄河，西起荥阳市官庄峪，东至南月堤，总面积76.96平方千米，地质结构独特，地理位置优越，区位优势明显。地质公园内第四纪黄土地层剖面是中国最具特色的黄土地层剖面，晚更新世的马兰黄土的沉积厚度堪称世界之最，具典型性、稀有性、自然性、优美性、系统性和完整性。独特的古土壤序列清晰地反映了近260万年古气候环境的变化规律，是研究东亚变迁，青藏高原形成、华夏文明历史与黄河形成演变的重要节点。园内自然植被茂密，物种多样性较为丰富。现有种子植物473种，包括中国特有植物19种，国家二级保护植物1种，为野大豆。

15.9 山东省

15.9.1 概况及生物多样性特点

山东省位于我国华东地区，中部山地突起，地形以山地丘陵为骨架，平原盆地交错环列其间；地跨淮河、黄河、海河、小清河和胶东五大水系；属暖温带季风气候。山东分属于黄、淮、海三大流域，海洋资源丰富，是全国粮食作物和经济作物重点产区，素有“粮棉油之库、水果水产之乡”之称。

山东省有陆生脊椎动物530多种，其中国家一级保护动物14种、二级保护动物68种，省级重点保护动物72种，76种列入《濒危野生动植物种国际贸易公约》附录；山东地处东亚一澳大利西亚鸟类迁徙通道中心，每年春秋两季，数以百万计的候鸟迁徙经过，在此停歇取食。鸟类种类多、数量大，共有471种，占全国鸟类种数的30%以上，多为国际重要迁徙物种。

山东分布野生高等植物209科2080种，珍稀濒危植物186种，其中，国家级重点保护野生植物及中国珍稀濒危植物47种，山东省特有植物46种，山东省珍稀植物93种。

山东省湿地总面积173.75万公顷，约占山东陆域总面积的11%，其中以自然湿地为主，约占山东湿地面积的63.48%，人工湿地约占山东湿地面积的36.52%。在自然湿地中，近海与海岸湿地居多，约占山东湿地面积的41.93%；其次为河流湿地，约占山东湿地面积的14.84%；湖泊湿地和沼泽湿地分别约占山东湿地面积的3.60%和3.11%。

山东开发早，人口多，加速了森林和草原的退化。远在战国时代的齐国境内就出现“牛山濯濯”的景象；秦代秦始皇东登泰山时，看到泰山上的森林已所剩无几。汉代山东人口继续增加，在山东中南部很多地区已是“有桑麻之业，无林泽之饶，地小人众”，原始森林已为人工植被所代替。到了宋朝，林木继续遭到破坏，出现了“今齐鲁间松林尽矣”。历代虽对山林有封有放，也曾提倡过人工造林和保护林木，但人们为生活所迫，不得不开荒垦山、伐木为薪和滥牧牛羊，不但原始森林破坏殆尽，次生林也屡遭破坏，逐渐演替成灌丛草坡，有些成了光山秃岭。到1949年，全省仅有30万公顷残次林，还多为鲁东地区的赤松薪炭林，广大的鲁中南山区、鲁西北平原林木稀少，水土流失面积占山地面积90%以上，海滨沙滩和黄河故道风沙危害严重，加剧了生态环境的恶化。

15.9.2　生态建设成效

山东省从1949年以后，有计划有步骤地进行了造林育林工作，从20世纪70年代起又广泛开展了“四旁”植树、农田林网化和农桐间作，使平原地区的林业也得到了发展。到1985年全省已有1/2宜林网化地区实现了林网化；胶东丘陵地区，林地面积已占林业用地的80%以上，沿海海滩建成了以黑松、刺槐为主的海滩防护林，使这个地区成为山东省干鲜果品、柞蚕、粮、油的高产稳产地区。原来林木稀少的鲁中南山区林地面积占全省林地面积的40%以上，在主要河滩两岸和低山丘陵营造了速生丰产林和经济林，成了全省林业资源较丰富的地区。

通过完善湿地资源保护法规政策，启动实施湿地保护行动计划，加大了湿地保护修复力度。先后在黄河三角洲、胶州湾、南四湖和大沽河、白浪河等重要湿地，通过生态补水、退田还湖、污染控制、恢复重建、流域综合整治等措施，恢复治理退化湿地33万多公顷，基本形成“一环、两湖、三带、四区、五点”的湿地保护管理格局：一环即沿海浅海水域和海岸滩涂湿地；两湖即南四湖、东平湖湿地；三带即黄河沿线湿地、小清河沿线湿地和京杭运河沿线湿地生态保护带；四区即黄河流域花园口以下区、淮河流域沂沭泗河区、淮河流域山东半岛沿海诸河区和海河流域徒骇马颊河区的湿地；五点即黄河三角洲和莱州湾、大沽河和胶州湾、荣成沿海、庙岛群岛、黄垒河和乳山河河口湿地的湿地生态系统生物多样性体系。

森林覆盖率由1992年的11.34%扩大到2019年的18.25%，建成国家森林城市17个、省级森林城市15个，认定省级森林乡镇158个、省级森林村居1530个，城乡绿化美化水平稳步提升；纳入保护体系的湿地面积100多万公顷，湿地保护率从2011年的10%提高到2019年的54.7%，黄河三角洲和南四湖湿地入选《国际重要湿地名录》，东营市荣获全球首批国际湿地城市称号，高等脊椎动物和湿地高等植物物种数均获增加；各类自然保护地有效地保护了山东80%以上的典型森林生态系统、45%以上的湿地生态系统及50%的野生动物种群、70%的高等植物群落，为保护野生动植物栖息地、保护生物多样性、推动生态文明建设发挥了重要作用。

据1977～1981年森林资源清查统计，山东省森林面积为90.47万公顷，森林覆盖率5.9%，活立木总蓄积量2425.86万立方米。2014～2018年森林资源清查统计，山东省森林面积266.51万公顷，森林覆盖率17.51%，活立木蓄积量13040.49万立方米，森林蓄积量9161.49万立方米，每公顷蓄积量60.01立方米，森林植被总生物量14455.35万吨，总碳储量6978.01万吨。

15.9.3 生物多样性典型代表区域

（1）黄河三角洲自然保护区

黄河三角洲自然保护区是中国暖温带保存最完整、最广阔、最年轻的湿地生态系统。保护区内野生动植物资源丰富，特别是珍稀濒危鸟类逐年增多，每年春、秋候鸟迁徙季节，数百万只鸟类在这里捕食、栖息、翱翔，成为东北亚内陆和环西太平洋鸟类迁徙重要的中转站、越冬栖息地和繁殖地，被国内外专家誉为“鸟类的国际机场”；区内自然植被覆盖率达55.1%，是中国沿海最大的新生湿地自然植被区。

1992年成立的山东省黄河三角洲国家级自然保护区地处渤海之滨，东营市境内，新、老黄河入海口两侧，是以保护新生湿地生态系统和珍稀濒危鸟类为主的湿地类型自然保护区。独特的生态环境、得天独厚的自然条件，造就了黄河三角洲自然保护区“奇、特、旷、野、新”的美学特征，被评为中国《最美的六大湿地》之一。2013年10月被正式列入《国际重要湿地名录》。

（2）原山林场

1962年前，原山林场森林覆盖率不足2%，荒无人烟。半个多世纪以来，几代原山人在“群山裸露，满目荒芜，十年九旱”的石头山上艰苦奋斗，石缝扎根，完成了从荒山秃岭到绿水青山，再到金山银山的美丽嬗变，是生态遭受彻底破坏后通过人工干预得到重新恢复的典型案例。

原山林场现有主要维管植物730种，其中木本植物有松树、侧柏、刺槐等199种，在凤凰山林区内，有167公顷的优质侧柏林，被林业专家称为北方石灰岩山地侧柏模式林分，为全国的石灰岩山薄地造林起到了示范带头作用。丰富的植物资源，为动物的生存繁衍创造了良好的环境条件，吸引了各种野生动物来林区落户。林内现有野生动物1184种，已形成了完整的生物多样性体系。

16 退耕还林还草工程诠释“两山论”真理

16.1 退耕还林还草工程是体制生态自觉性的展现

中国是一个以农立国的社会，几千年来朝代兴替大多是围绕土地问题博弈展开的，土地承载的是粮食问题，民以食为天，少食的结果是动荡。按照这一逻辑，1998年大灾之后提出的大规模退耕还林可是开天辟地第一遭，当时面对将近13亿人口的吃饭问题，大量的耕地非农化能否带来粮食安全问题是首要考虑的，从另一个角度分析，在体制生态自觉总体一脉相承的背景下，从1949年新中国成立，粮食和耕地都是首要考虑的头等大事，为什么1998年后可以发生逆转呢？

解决人口大国粮食安全问题，首先要排除寄希望于国际市场的办法。手中有粮、心里不慌，尽管可以充分利用国际市场作为一定的补充，但基本口粮必须保证在自己的土地上，试想，一旦突发变化，哪怕基本口粮缺少1%，就是1248万人（1998年我国人口12.48亿）的基本口粮供应问题，引发的就是巨大社会问题。

表16-1 1978～2012年我国人口、耕地、生产率和耕地面积情况表

年份	粮食作物播种面积（万公顷）	耕地需求（万公顷）	人口数（万人）	人均粮食需求量（千克）	单位耕地面积产量（千克/公顷）
2012年	11436.8	4156	135404	164.3	5353.12
2011年	11298.0	4415	134735	170.7	5208.81
2010年	11169.5	4859	134091	181.4	5005.69
2009年	11025.5	5164	133450	189.3	4892.37
2008年	10754.5	5322	132802	199.1	4968.57
2007年	10599.9	5542	132129	199.5	4756.09

（续表）

年份	粮食作物播种面积（万公顷）	耕地需求（万公顷）	人口数（万人）	人均粮食需求量（千克）	单位耕地面积产量（千克/公顷）
2006年	10495.8	5695	131448	205.6	4745.17
2005年	10427.8	5882	130756	208.8	4641.63
2004年	10160.6	6141	129988	218.3	4620.49
2003年	9941.0	6634	129227	222.4	4332.5
2002年	10389.1	6905	128453	236.5	4399.4
2001年	10608.0	7137	127627	238.6	4266.94
2000年	10846.3	7442	126743	250.2	4261.15
1999年	11316.1	6927	125786	247.4	4492.59
1998年	11378.7	6897	124761	248.9	4502.21
1997年	11291.2	7082	123626	250.7	4376.6
1996年	11254.8	6995	122389	256.2	4482.85
1995年	11006.0	7316	121121	256.1	4239.7
1994年	10954.4	7598	119850	257.6	4063.23
1993年	11050.9	7224	118517	251.8	4130.79
1992年	11056.0	7331	117171	250.5	4003.79
1991年	11231.4	7638	115823	255.6	3875.69
1990年	11346.6	7620	114333	262.1	3932.84
1989年	11220.5	8139	112704	262.3	3632.19
1988年	11012.3	8051	111026	259.5	3578.57
1987年	11126.8	7795	109300	259.4	3637.45
1986年	11093.3	7899	107507	259.3	3529.28
1985年	10884.5	7823	105851	257.4	3483
1984年	11288.4	7708	104357	266.5	3608.18
1983年	11404.7	7884	103008	259.9	3395.74

（续表）

年份	粮食作物播种面积（万公顷）	耕地需求（万公顷）	人口数（万人）	人均粮食需求量（千克）	单位耕地面积产量（千克/公顷）
1982年	11346.2	8459	101654	260	3124.38
1981年	11495.8	9065	100072	256.1	2827.3
1980年	11723.4	9285	98705	257.2	2734.31
1979年	11926.3	8992	97542	256.7	2784.74
1978年	12058.7	9438	96259	247.8	2527.3

注：数据来源于国家统计局。

进一步研究发现，粮食自给需求量，取决于人口总数、人均主食需求量、耕地面积、耕地生产力（单位面积粮食产出能力）等几个方面，其中人均主食量、耕地生产力与科技水平密切相关，也就是说，在总人口不变的情况下，口粮总需求量与人均主食量成正比，与耕地生产力成反比。在旧中国单一农耕社会条件下，由于技术尚未达到一定水平，人口总量的增长及粮食供给能力的提升，完全依赖于耕地面积，而科技进步反而增加了土地退化的速度，对生态起反作用。但和谐理念发展的新中国，科技进步是全方位的，一方面工业制造业水平带动副食生产水平和能力提高，减少了人均主粮的需求；另一方面，科技进步推动生产力水平提高，提高了单位耕地的产出率，一旦科技进步超过某个临界点后（注：指耕地生产力水平提升与人口净增长率水平持平），土地需求的总面积可以随着耕地生产力水平进一步提升而降低，这就为耕地的休养生息奠定了基础。

理论上，只有突破这个临界点才具备退耕还林的条件。那么实际情况是否反映了这一规律呢？

以表16-1数据为基础，按照公式：

基本耕地需求量=总人口数×人均粮食需求量/耕地单位面积平均产量

发现，从1978年有完整记录年开始，我国耕地实际需求量总体上呈下降趋势，但从2000年开始呈加速下降走势（见图16-1）。

可见，1998年后退耕还林政策的实施是有粮食安全作支撑的，内在原因是科

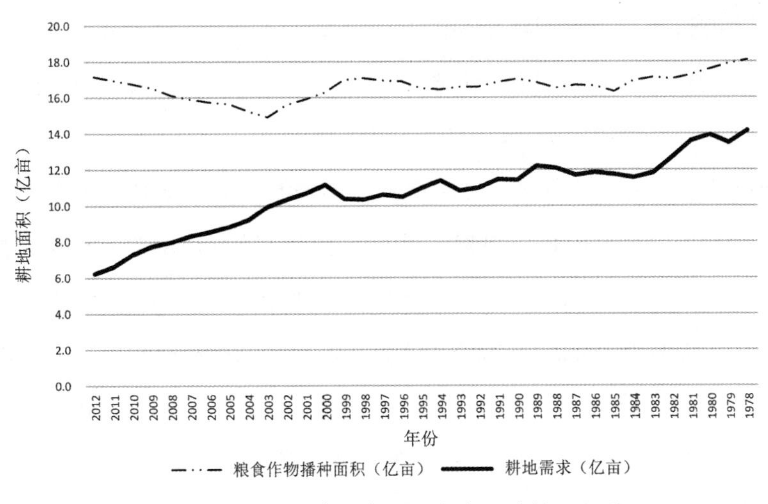

图16-1　全国粮食需求面积与实际种植面积图

技进步、生产力水平提高与制度自觉性共振的结果，即具备了在更少些的耕地面积基础上满足我国主要粮食供应的需要，生态脆弱区和高保护价值区的耕地、部分次等耕地及25度以上的坡耕地具备退出用于恢复生态的条件。

16.2　工程背景和实施过程

16.2.1　背景和过程

1998年，长江、松花江、嫩江流域发生历史罕见的特大洪涝灾害后，8月，《国务院关于保护森林资源制止毁林开垦和乱占林地的通知》指出，“各地要在清查的基础上，按照谁批谁负责、谁破坏谁恢复的原则，对毁林开垦的林地，限期全部还林”。10月14日，十五届三中全会通过的《中共中央关于农业和农村工作若干重大问题的决定》指出，“禁止毁林毁草开荒和围河造田。对过度开垦、围垦的土地，要有计划有步骤地还林、还草、还湖”。10月20日，中共中央、国务院《关于灾后重建、整治江湖、兴修水利的若干意见》把“封山植树、退耕还林”放在灾后重建“封山植树，退耕还林，退田还湖，平垸行洪，以工代赈，移民建镇，加固干堤，疏浚河湖”三十二字综合措施的首位，并指出，“积极推行封山植树，对过度开垦的土地，有计划有步骤地退耕还林，加快林草植被的恢复建设，是改善生态环境、防治江河水患的重大措施”。从1998年起，我国治水和生态建设方略进行了重大调整，并进入了国家主导开展退耕还林的新阶段。第一轮退耕还林大致可以分为试点、大规模推进、结构性调整、巩固成果四个阶段。

（1）试点阶段（1999～2001年）

1999年6月，江泽民指出："由于千百年来的多少次战乱、多少次自然灾害和各种人为的原因，西部地区自然环境不断恶化，特别是水资源短缺，水土流失严重，生态环境越来越恶劣，荒漠化年复一年地加剧，并不断向东推进。这不仅对西部地区，而且对其他地区的经济社会发展也带来不利影响。改善生态环境，是西部地区开发建设必须首先研究和解决的一个重大课题。如果不从现在起，努力使生态环境有一个明显的改善，在西部地区实现可持续发展的战略就会落空。"随后，朱镕基先后视察了西南、西北六省。8月5～9日，朱镕基在陕西省考察治理水土流失、改善生态环境和黄河防汛工作，当他站在延安一个叫作燕沟的山峁上，看着眼前黄土地上经过治理长出来的碧草绿树时，提出了"退耕还林（草）、封山绿化、个体承包、以粮代赈"的政策措施，并要求延安在退耕还林工作上先走一步，为全国作出榜样。当年，四川、陕西、甘肃三省率先启动了退耕还林试点。

2000年，中央2号文件和国务院西部地区开发会议将退耕还林列入西部大开发的重要内容，在全国17个省（自治区、直辖市）正式开展了退耕还林试点。9月10日国务院下发了《关于进一步做好退耕还林还草试点工作的若干意见》。10月11日，十五届五中全会通过的《中共中央关于制定国民经济和社会发展第十个五年计划的建议》中指出，"加强生态建设和环境保护，有计划分步骤地抓好退耕还林还草等生态建设工程，改善西部地区生产条件和生态环境"。2001年3月，退耕还林工程被正式列入经九届全国人大四次会议通过的《国民经济和社会发展第十个五年计划纲要》。经国务院批准，2001年退耕还林试点又增加了湖南洞庭湖流域、江西鄱阳湖流域、湖北丹江口库区、广西红水河梯级电站库区、陕西延安、新疆和田、辽宁西部风沙区等水土流失、风沙危害严重的部分地区。

1999～2001年，退耕还林还草试点工作在北京、河北、山西、内蒙古、辽宁、吉林、黑龙江、江西、河南、湖北、湖南、广西、重庆、四川、贵州、云南、陕西、甘肃、青海、宁夏、新疆21个省（自治区、直辖市）和新疆生产建设兵团展开。三年试点任务共230.34万公顷，其中退耕地还林还草120.61万公顷、宜林荒山荒地造林109.73万公顷。国家共投资76.8亿元，其中，补助粮食356.7万吨，折合资金49.9亿元；补助生活费6亿元；种苗费补助、种苗基础设施建设和科技支撑与前期工作费20.9亿元。试点共涉及400多个县、5700个乡镇、2.7万个村，410万农户、1600万农民受益。试点期间，造林成活率达到国家规定标准，粮款补助全部兑现到户。

（2）全面启动、大规模推进阶段（2002～2003年）

根据2001年底召开的国务院西部地区开发领导小组第二次全体会议、中央经济工作会议和中央农村工作会议等精神，2002年1月10日召开了全国退耕还林电视电话会议，标志着退耕还林工程全面启动。2002年，分三批安排25个省（自治区、直辖市）和新疆生产建设兵团退耕还林还草任务572.87万公顷，其中，退耕地还林264.67万公顷、宜林荒山荒地造林308.2万公顷。2003年，国家安排退耕还林任务共713.33万公顷，其中退耕地还林336.67万公顷、荒山荒地造林376.67万公顷。

为把退耕还林工作扎实、稳妥、健康地向前推进，针对试点期间出现的一些需要研究和解决的问题，2002年4月11日，国务院下发了《关于进一步完善退耕还林政策措施的若干意见》。为了规范退耕还林活动，保护退耕还林者的合法权益， 12月14日，国务院第367号令颁布了《退耕还林条例》，于2003年1月20日起施行，标志着退耕还林工作走上了依法管理的轨道。

（3）结构性调整阶段（2004～2006年）

从2004年开始，国家根据宏观经济形势和全国粮食供求关系的变化，对退耕还林年度任务进行了结构性、适应性调整。2004年，全国安排退耕地还林66.67万公顷、荒山荒地造林333.33万公顷。2005年，全国安排退耕地还林任务111.14万公顷，重点解决各地2004年超计划退耕还林的问题。2006年，全国又安排退耕地还林26.67万公顷、荒山荒地造林106.67万公顷。国务院办公厅2004年4月13日下发了《关于完善退耕还林粮食补助办法的通知》，2005年4月17日下发了《关于切实搞好“五个结合”进一步巩固退耕还林成果的通知》。

（4）巩固成果阶段（2007～2016年）

2006年4月18日，温家宝主持召开国务院西部地区开发领导小组第四次全体会议时强调，要按照巩固成果、稳步推进的要求，进一步做好退耕还林工作。会议责成国家发展改革委牵头，会同国务院西部开发办、财政部、国家林业局等有关部门和单位，在深入调查、摸清情况的基础上，进一步统筹研究“十一五”退耕还林工作的政策措施，形成正式意见报国务院。

根据国务院领导同志的批示和有关会议精神，国家发展改革委会同财政部、国家林业局等16个部门和单位，组织各地开展调查摸底，并深入实地进行了广泛调研，进一步摸清了底数，厘清了问题，对退耕还林工程建设的总体形势做出了客观的分析评价，向国务院上报了《关于完善退耕还林政策的请示》。2007年8月9日，国务院下发了《关于完善退耕还林政策的通知》，明确了两项目标任务：一是确保退耕还林成果切实得到巩固，二是确保退耕农户长远生计得到有效解决；确定了继续对退耕农户直接补助和建立巩固退耕还林成果专项资金两项政策内容；并提出为确保“十一五”期间耕地不少于1.2亿公顷，原定“十一五”期间退耕还林133.33万公顷的规模，除2006年已安排26.67万公顷外，其余暂不安排，但继续安排荒山造林计划。

2008年以来，按照《关于完善退耕还林政策的通知》要求，各有关部门通力合作，开展了一系列联合行动。审核批复了各地编制的巩固退耕还林成果专项规划并逐年审核；下达了2008～2015年8个年度的巩固成果专项建设任务和专项资金958.6亿元；建立了由10个部门组成的巩固退耕还林成果部际联席会议制度；出台了《巩固退耕还林成果专项规划建设项目管理办法》《巩固退耕还林成果专项资金使用和管理办法》和《退耕还林财政资金预算管理办法》。2010年和2011年连续两年对工程省区巩固成果专项规划建设项目进展情况进行了联合检查，并针对检查所发现的问题指导各地对巩固成果专项规划进行了适当调整。

2012年9月19日，国务院召开第217次常务会议，听取《关于巩固退耕还林成果工作情况的汇报》。会议指出，巩固退耕还林成果工作仍处于关键阶段，要突出工作重点，继续实施好巩固退耕还林成果专项规划，加快项目建设进度。一要着力解决退耕农户长远生计问题。实施巩固成果建设项目要以困难地区和困难退耕户为重点。二要强化项目和资金管理。有关地区省级人民政府要全面履行职责，加强项目管理和监督检查，确保工程建设质量和专项资金运行安全。三要加强建设成果后期管护。做好林木抚育、补植补造、森林防火等工作，提高退耕还林成活率和保存率。引导农户树立主体意识，切实搞好沼气等建设成果日常维护。四要加强效益监测，开展巩固成果成效评估。会议决定，自2013年起，适当提高巩固退耕还林成果部分项目的补助标准，并根据第二次全国土地调查结果，适当安排"十二五"时期重点生态脆弱区退耕还林任务。

根据国家统计局对全国24个省（自治区）2.95万户退耕农户的监测调查，2011年、2012年全国退耕还林保存率分别为98.9%、98.4%。据国家林业局对1999～2006年退耕还林的阶段验收，国家计划面积保存率达99.88%，退耕还林成果得到较好巩固。

16.2.2　主要政策

（1）原有退耕还林政策

为确保退耕还林工程健康顺利实施，先后出台了《国务院关于进一步做好退耕还林还草试点工作的若干意见》（国发〔2000〕24号）、《国务院关于进一步完善退耕还林政策措施的若干意见》（国发〔2002〕10号）、《退耕还林条例》《国务院办公厅关于完善退耕还林粮食补助办法的通知》（国办发〔2004〕34号）、《国务院办公厅关于切实搞好"五个结合"进一步巩固退耕还林成果的通知》（国办发〔2005〕25号），主要政策有：

①国家无偿向退耕户提供粮食补助：每公顷退耕地每年补助粮食（原粮）的标准，长江流域及南方地区2250千克，黄河流域及北方地区为1500千克。从2004年起，原则上将向退耕户补助的粮食改为现金补助，中央按每千克粮食（原粮）1.40元计算，包干给各省（自治区、直辖市）。

②国家无偿向退耕户提供生活费补助：每公顷退耕地每年补助生活费300元。

③粮食和生活费补助年限：还草补助1999～2001年按5年计算、2002年以后

按2年计算；还经济林补助按5年计算；还生态林补助按8年计算。

④国家向退耕户提供种苗和造林费补助，补助标准按退耕地和宜林荒山荒地造林每公顷750元计算。

⑤退耕还林要以营造生态林为主，营造的生态林比例以县为核算单位，不得低于80%。对超过规定比例多种的经济林，只给种苗和造林补助费，不补助粮食和生活费。

⑥国家保护退耕还林者享有退耕土地上的林木（草）所有权。退耕土地还林后，由县级以上人民政府依照《森林法》《草原法》的有关规定发放林（草）权属证书，确认所有权和使用权，并依法办理土地变更登记手续。土地承包经营合同应当作相应调整。退耕土地还林后的承包经营权期限可以延长到70年。

⑦实行“目标、任务、资金、粮食、责任”五到省，省级政府对工程负总责。

（2）2007年完善政策

为巩固退耕还林成果、解决退耕农户生活困难和长远生计问题，2007年8月9日，国务院下发了《关于完善退耕还林政策的通知》，主要政策有：

①继续对退耕农户直接补助。现行退耕还林粮食和生活费补助期满后，中央财政安排资金，继续对退耕农户给予适当的现金补助，解决退耕农户当前生活困难。补助标准为：退耕地长江流域及南方地区每年每公顷补助现金1575元，黄河流域及北方地区每年每公顷补助现金1050元。原每公顷退耕地每年300元生活补助费，继续直接补助给退耕农户，并与管护任务挂钩。补助期为：还生态林补助8年，还经济林补助5年，还草补助2年。

②建立巩固退耕还林成果专项资金。为集中力量解决影响退耕农户长远生计的突出问题，中央财政安排一定规模资金，作为巩固退耕还林成果专项资金，主要用于西部地区、京津风沙源治理区、享受西部地区政策的中部地区退耕农户的基本口粮田建设、农村能源建设、生态移民及补植补造，并向特殊困难地区倾斜。中央财政按照退耕地还林面积核定各省（自治区、直辖市）巩固退耕还林成果专项资金总量，并从2008年起按8年集中安排，逐年下达，包干到省。

③调整退耕还林规划。为确保“十一五”期间耕地不少于1.2亿公顷，原定

"十一五"期间退耕还林133.33万公顷的规模，除2006年已安排26.67万公顷外，其余暂不安排。国务院有关部门要进一步摸清25度以上坡耕地的实际情况，在深入调查研究、认真总结经验的基础上，实事求是地制定退耕还林工程建设规划。

④为加快国土绿化进程，推进生态建设，继续安排荒山造林、封山育林，并视情况适当提高种苗造林费补助标准。

⑤在不破坏植被、造成新的水土流失的前提下，允许农民间种豆类等矮秆农作物，以耕促抚、以耕促管。

16.2.3 任务及资金安排

表16-2 前一轮退耕还林工程分年度任务及中央投资统计表

年度	完成任务（万公顷）				中央投资（万元）			
	退耕地造林	荒山荒地造林	封山育林	合计	中央预算内投资	财政专项资金		合计
						补助退耕农户资金	巩固专项资金	
合计	926	1746	310	2982	188868	1886677	639098	2714644
1999	38.15	6.65	—	44.79	—	—	—	—
2000	40.46	46.75	—	87.21	9034.33	14445.60	—	23479.93
2001	42.00	56.33	—	98.33	4916.67	22827.40	—	27744.07
2002	264.67	308.20	—	572.87	29183.33	74538.67	—	103722.00
2003	336.67	376.67	—	713.33	35666.67	139113.00	—	174779.67
2004	66.67	333.33	—	400.00	20065.87	151129.80	—	171195.67
2005	111.14	133.33	133.33	377.81	19001.47	168401.00	—	187402.47
2006	26.67	106.67	—	133.33	6666.67	173538.73	—	180205.40
2007	—	140.00	—	140.00	7000.00	174629.53	—	181629.53
2008	—	74.00	46.67	120.67	10666.67	171558.33	74799.93	257024.93
2009	—	43.93	33.33	77.27	10666.67	162462.80	79300.07	252429.53
2010	—	44.47	33.33	77.80	10666.67	138991.53	76810.87	226469.07
2011	—	27.67	23.33	51.00	9333.33	113650.33	79715.73	202699.40

（续表）

年度	完成任务（万公顷）				中央投资（万元）			
	退耕地造林	荒山荒地造林	封山育林	合计	中央预算内投资	财政专项资金		合计
						补助退耕农户资金	巩固专项资金	
2012	—	23.63	20.80	44.43	8000.00	103189.73	79649.07	190838.80
2013	—	23.87	19.20	43.07	8000.00	95452.47	82951.53	186404.00
2014	—	—	—	—	—	92145.93	82813.93	174959.87
2015	—	—	—	—	—	90602.33	83057.20	173659.53

16.3 实践检验真理

2016年，受国家发展改革委政策研究部门的委托，我们作为第三方承担前一轮退耕还林工程的专项评估任务。作者是这次评估工作的主持人，对整个评估过程和结论的可信性是有发言权的。评估提出了明确的目标和任务，收集分析了大量官方统计和调查数据，梳理大量相关文献资料，并赴重点省（自治区）进行深入调研，采用定量分析与定性分析相结合的方法，对我国乃至世界上有史以来最大的生态修复工程——退耕还林还草工程，实施十多年来的预期目标，取得的生态、经济、社会效益，进行了综合性的后评估。该工程涉及的广度和深度，是验证“绿水青山就是金山银山”论断最有说服力的实践案例，可以说其代表性和典型性无可替代。所以，为了说明其结论的可信性，详细展示该评估的过程、方法和结论是很有现实意义的。

16.3.1 评估目标

退耕还林工程的主要目的是恢复植被、减少水土流失、改善日益恶化的生态环境。为此，提出的评估目标有：

1．工程建设目标：根据规划和中央下达目标完成退耕还林工程任务。按标准完成工程造林、管护、归档工作，退耕还林地发放林权证情况。

2．工程技术目标：因地制宜，科学制定规划，先设计后施工的技术管理要求，以造林成活率和成林率指标作为定量考核指标。

3．综合效益目标：按照成本效益及工程实施有无对比法评估整个工程的综合效益。

4．项目管理目标：建立科技支撑体系；建立规范的退耕还林还草项目管理机制，实行报账制；建立分级技术培训制度，严格检查监督；建立退耕还林还草工程质量保障制度。

5．项目发展预期及可持续性目标：与调整农村产业结构、发展农村经济、防治水土流失、保护和建设基本农田、提高粮食单产、加强农村能源建设、实施生态移民相结合，评价工程治理地区的生态环境效益、社会效益及经济效益情况，并评价其为实现社会主义现代化建设第三步战略目标提供生态保障的实现情况。

6．总结工程实施过程中的主要经验、好的做法和存在的问题，并提出建议。

16.3.2　评估方法

评估采用定量分析与定性分析相结合的方法。具体包括资料收集、专家咨询、现场踏勘等方法获取基础数据和基本素材，再通过数理统计等定量方法对数据进行统计、分析和总结，结合专家意见、行业报告、实地调查梳理存在的问题，总结经验，提出意见和建议。定量分析主要采取成本费用收益法及有无对比法。

成本效益的计算方法主要采用前后对比和有无对比分析方法，对比指标主要包括投入成本和无项目情况下的机会收益及有项目后产生的效益。其成本计算见公式（1），效益计算见公式（2），效益净值计算见公式（3）：

$$C_j=C_{1j}+C_{2j}+C_{3j} \quad (1)$$

C_j——第j年的成本；

C_{1j}——对荒山造林或退耕还林地在无此工程的情况下第j年的机会成本，如土地的机会收益等，对低效林改造或封育工程指无本项目的情况下第j年的综合效益；

C_{2j}——第j年的实施成本，包括项目建设资金、补贴和专项资金等；

C_{3j}——第j年的维护成本，包括抚育、管护等的投入。

$$B_j=B_{1j}+B_{2j}+B_{3j}+B_{4j} \quad (2)$$

B_j——第j年的效益；

B_{1j}——第j年的经营效益；

B_{2j}——第j年的生态效益；

B_{3j}——第j年的资产增值效益；

B_{4j}——第j年的社会效益。

$$I_j=B_j-C_j \quad (3)$$

I_j——第j年的效益净值。

有了计算期各年度的效益净值，就可以按照社会折现率和财务分析方法计算其财务现值、动态回收期和内部收益率等指标。

16.3.3 评估结果

16.3.3.1 退耕还林建设目标实现情况

（1）造林任务完成情况

《退耕还林工程规划（2001－2010）》，到2010年，需完成退耕地造林1467万公顷，宜林荒山荒地造林1733万公顷（两类造林均含1999～2000年退耕还林试点任务），陡坡耕地基本退耕还林，严重沙化耕地基本得到治理，新增林草植被3200万公顷，工程区林草覆被率增加4.5个百分点。

工程实际完成退耕还林面积2982万公顷，完成规划任务的93.2%，其中退耕还林926.41万公顷，完成目标的63.2%；荒山造林完成1745.5万公顷，完成目标的100.7%，超额完成任务；根据实际情况增加封山育林面积310万公顷，占规划总目标的9.69%。新增林草植被2672万公顷，工程区林草覆被率增加3.8个百分点。

（2）管护情况

退耕还林工程造林后管护基本做到了规范要求。根据林业系统的核查结果，抽查的保存面积444.15万公顷中，有管护措施的面积434.23万公顷，管护率为97.8%。除个别省管护率为94.7%外，其余25个省管护率均在95%～100%。

在核查的2258个县中，有961个县面积管护率为100%；有1014个县面积管护率在95%～100%；有246个县面积管护率在80%～95%；有37个县面积管护率小于80%，其中有4个县管护率在50%以下。

（3）档案管理情况

各地档案建立和管理情况整体较好，均建立了较为完善的档案管理制度，档案有专人管理、专柜存放，辽宁、吉林、黑龙江、重庆等省还编制了基于地理信息系统平台的退耕还林工程管理软件，将所有资料纳入软件管理，实现工程管理信息化、规范化和科学化，提高了退耕还林档案管理水平和使用效果。

林业部门核查保存面积444.15万公顷中，已建立档案面积443.90万公顷，建档率为99.9%。26个工程省中，有15个省建档率达到100%；有11个省存在少量档案建立不全的面积。在核查的2258个工程县中，有2231个县建档率达到100%；有27个县建档率未达到100%。

（4）林权证发放情况

退耕还林地基本核发了林权证。核查保存面积444.15万公顷中，已发放林权证面积402.73万公顷，林权证发放率为90.7%。林权证发放率在90%～100%的有14个省；林权证发放率在80%～90%的有4个省；林权证发放率在50%～80%的有6个省。但也有部分省市尚未发放林权证。

可以得出工程建设目标完成情况：

由于国家政策的调整，前一轮退耕还林工程完成了退耕地还林926.67万公顷、荒山荒地造林和封山育林2053.33万公顷，分别完成规划任务的63.2%和110%，工程超额完成了实施阶段国家下达的任务，总体上基本达到了预期目标。

工程质量、造林后管护、档案管理基本实现了预期目标，退耕还林地林权证下发基本落实。但是，由于工程范围大、涉及面广，加上农户各种利益的诉求和纠缠，以及不同政府部门政策协调和执行力度的不同带来的羁绊，致使林地管护、林权证的落实都多少存在一些问题。凸显跨区域、跨部门的大型工程顶层设计、规划先行的重要性。

16.3.3.2　工程技术效果评价

退耕还林工程的技术主要体现在退耕后的造林与抚育管护阶段。根据生态林和经济林分别纳入相应的营造林范围适应相应的技术规范要求，造林设计适应

《营造林总体设计规程》（GB/T 15782—2009），造林苗木适应《主要造林树种苗木质量分级》（GB 6000—1999），造林及抚育适应《造林技术规程》（GB/T 15776—2006）、《生态公益林建设 检查验收规程》（GB/T 8337.4—2008）和《森林抚育规程》（GB/T 15781—2015）。判断工程技术效果的指标：

保存率：造林三年后单位面积保存株数与造林总株数之比。干旱、半干旱地区生态林保存率≥65%为合格，其他地区≥80%为合格，经济林≥85%为合格。

造林成活率：指单位面积造林成活株数与总株数之比。干旱、半干旱地区生态林成活率≥70%为合格，其他地区生态林≥85%为合格，经济林≥85%为合格。

（1）保存率

2008～2014年，国家林业局组织对前一轮退耕地还林进行了全面阶段验收，验收对象为国家历年安排的退耕地还林计划面积。验收工作采取省级全面检查验收和国家级重点核查验收相结合的办法进行，逐年对原有补助政策已经期满的退耕地还林面积在期满的次年进行验收。阶段验收工作由国家林业局统一部署，其中省级全面检查验收由各工程省林业主管部门组织实施，对验收对象范围内的面积逐小班进行100%的实地检查验收；国家级重点核查验收由国家林业局退耕还林办公室组织实施，以省级全面检查验收结果为依据，抽查省级全面检查验收上报保存面积的50%，逐小班进行实地核查。

各年度省级全面检查验收后，26个工程省上报原有退耕地还生态林保存面积共910.69万公顷，国家级重点核查验收在此基础上抽查面积445.67万公顷，占省级全面检查验收上报保存总面积的48.9%，核查保存面积为444.15万公顷，面积保存率为99.66%。其中：23个工程省的面积保存率在99%～100%；3个工程省的面积保存率在99%以下。在核查的2258个工程县中，有1065个县面积保存率达到100%；有1154个县面积保存率在95%～100%；有31个县面积保存率在90%～95%；有8个县面积保存率低于90%。

（2）成林情况

核查保存面积444.15万公顷中，成林面积330.27万公顷，成林率为74.4%。成林率≥80%的有14个省，成林率在60%～80%的有6个省，成林率＜60%的有6

个省。

在核查的2258个工程县中，绝大部分符合要求，仅有45个县成林率为0。

评鉴技术方面的结论：

大部分退耕还林地区注意从规划设计、种苗培育、整地栽植等各个环节入手，制订退耕还林技术方案，建立科技支撑体系，特别是加强现有成熟、实用科技成果的组装配套和推广应用。根据不同的自然、社会、经济条件和当地的种植习惯，积极探索总结出了多种退耕还林技术模式，如林草套种、林药间种、林茶结合等多树种、草种混交模式，互利共生，实现了以短养长、长短结合，取得了较好的生态效益和经济效益。原国家林业局领导还专门联系了12个退耕还林科技示范县，各地也建立了一批退耕还林示范点，集中推广先进适用技术和成熟模式，充分发挥科技在退耕还林工程建设中的支撑和示范作用。同时，各地还建立了分级培训制度，通过培训提高广大基层技术人员和农民群众的营造林技术水平，保证了工程建设的质量和成效。

16.3.3.3　综合效益评估

效益从两个角度分析，一是从农户角度，主要考虑经济效益；二是从整个退耕还林工程和国家角度，考虑的是综合效益，即涵盖经济、社会和生态效益，评估参照国民经济评价法计算投资成本和收益影子价格，采取成本收益法测算，分析方法按照退耕前后有无对比法确定。

评估的可信性之一体现在：国民经济评价法去除了国家财政转移支付的影响，影子价格法对固碳、固肥等生态产品价值仅以市场成本价格计入，规避了社会上很多研究计价的不真实性或人为性。

16.3.3.3.1　从农户角度的成本收益分析

（1）收益

农户收益包括政策性补贴和经济收益。

1）政策性补贴

① 粮食及生活补助：长江流域及南方地区每公顷每年补助3450元，生态林每公顷总共获得补助27600元，经济林获得补助共计17250元。黄河流域及北方地区补

助2400元，生态林每公顷总共获得补助19200元，经济林获得补助共计12000元。

② 造林种苗费补助：每公顷750元。

③ 延长补助：根据《关于完善退耕还林政策的通知》，主要政策详见本书16.2.2相关内容。

④ 生态补偿

2001年国家森林生态效益补助政策正式出台，将森林生态效益补助资金纳入国家公共财政预算，补助标准为每年每公顷75元。除了国家财政补贴外，各省地方也有相应的补贴，但各省标准不同，同一个省也根据情况不断提高标准，如浙江省自2004年至2015年由每公顷120元提高到450元，提高了2.75倍。

前一轮退耕还生态林，在原有政策和完善政策补助完以后，即第17年开始再纳入生态效益补偿。

2）经济收益

根据原国家林业局退耕办重点核查验收抽查范围内保存面积直接经济收益情况（不含国家政策补助）调查统计，1999～2006年度退耕地还林平均经济收益为2205元/公顷，其中生态林每年每公顷经济收益为1665元，经济林每年每公顷经济收益为10035元。根据实际调查，长江流域及南方地区一般造林后第三年开始收益，到第六年逐步进入高产期。黄河流域及北方地区一般造林后第五年开始有效益，第十年逐步进入高产期。考虑市场变化及物价通胀因素，设定进入高产期后收益率年增长2%。

（2）成本

退耕还林机会成本按照退耕还林前后有无对比法，其机会成本应该是耕地或林地产生的机会收益。

根据西安交通大学公共管理学院人口与发展研究所开展的“巩固退耕还林成果长效机制研究——基于陕南安康市和陕北吴起县退耕地区的调查研究”，课题组对陕西延安吴起县、安康市汉滨区进行的调查，退耕户退耕前每公顷人均纯收入在1397.25～2181.9元，这一结果与南方山区耕地的收入相差不多。评估按照北方地区公顷均纯收入1950元、南方地区2250元计算，且按年均3%递增考虑。

（3）效益分析

按照前述收入和机会成本，社会折现率按8%测算，造林后30年内，NPV（8%）全部为正值，其中长江流域及南方地区退耕还生态林每公顷净现值为12540元，黄河流域及北方地区退耕还生态林每公顷净现值为4635元；长江流域及南方地区退耕还经济林每公顷净现值为79575元，黄河流域及北方地区退耕还经济林每公顷净现值为64620元。

16.3.3.3.2　从整个工程和国家角度对整个工程的成本费用分析

（1）项目成本

项目成本包括国家投入资金、不退耕还林或造林情况下的机会收益和退耕还林后的林地抚育管护成本。

国家投入以原国家林业局退耕办统计的各年度工程量和中央投入为依据，从1999年开始，至2015年国家共投入4071.97亿元，完成退耕还林2981.91万公顷。

土地机会收益以相关研究成果和调研数据为依据，评估按照黄河流域和北方地区公顷均纯收入1950元、长江流域及南方地区2250元计算，且按年均3%递增考虑。

林地管护参照目前实际国家公益林补贴每年每公顷225元及有些地方的公益林补贴等情况，确定造林后管护费每年每公顷300元，考虑按年递增2%计算。林地抚育按照造林后前5年每年每公顷450元考虑。

（2）项目收入

从工程和国家角度，退耕还林工程的收益包括退耕地获得的经济效益、生态效益和社会效益，其中社会效益难以进行量化，生态效益中的大部分可以利用相关监测和研究成果进行量化处理。

根据《退耕还林条例》的规定，生态林与经济林的比例控制在8∶2（仅限于退耕还林工程）。根据原国家计委委托中咨公司对退耕还林工程进行中期评估结论，“从总体上看，除个别地区外，各地对《条例》规定的生态林、经济林8∶2的规定，执行得较好”，本评估测算按照退耕还林工程面积的80%为生态林、20%为经济林考虑。

生态林经济收入主要为林下经济、生态旅游等森林经营所得，这部分不应包括封山育林林地面积。按照第三年达到收入稳定期的20%、第四年达到40%、第五年达到60%、第六年达到80%、第七年达到100%，并考虑每年2%的物价通胀率计入。

森林活立木蓄积量在计算期最后一年以剩余资产或资产回收的形式计入。蓄积量参照第八次全国森林资源二类清查结果：退耕还林生态林和荒山造林第30年的平均乔木林蓄积量89.79立方米/公顷，封山育林区按照平均年增加蓄积量0.5立方米/公顷，按照平均出材率70%折算成木材，木材平均价格（扣除采伐运输等成本）450元/立方米考虑。

生态效益评估首先需设定评估指标，再对指标进行量化，在此基础上根据不同年度造林面积计算年度生态效益总量。

1）生态效益评估指标

根据《森林生态系统服务功能评估规范》（LY/T 1721—2008），测算评估指标体系由国内外公认的涵养水源、保育土壤、固碳释氧、林木积累营养物质、净化大气环境、森林防护、生物多样性保护等指标类别组成（见表16-3）。

2）指标量化

评估指标的量化采用森林生态连续清查的测算数据。森林生态连续清查是以生态地理区划为单位，以国家现有森林生态站为依托，采用长期定位观测技术和分布式测算方法，定期对同一森林生态系统进行重复的全指标体系观测与清查的技术。它可以用来评价一定时期内，森林生态系统的质量状况，以及进一步了解森林生态系统的动态变化。

根据原国家林业局退耕还林（草）工程管理中心、中国林业科学研究院、北京市农林科学院等单位相关专家共同参与，按照《退耕还林工程生态效益监测与评估规范》（LY/T 2573—2016）体系要求，选择长江中游地区、黄河中上游地区及北方沙化土地退耕还林工程为监测对象，利用全国退耕还林工程生态连清数据集，包括工程区内退耕还林工程生态效益专项监测站，中国森林生态系统定位观测研究网络（CFERN）所属的森林生态站，以林业生态工程为观测目标的辅

表16-3 评估指标表

指标类别	评估指标
涵养水源	涵养水源
保育土壤	固土
	保肥
固碳释氧	固碳
	释氧
林木积累营养物质	林木积累营养物质
净化大气环境	提供空气负离子
	吸收污染物
	滞尘
	吸滞TSP
	吸滞$PM_{2.5}$或PM_{10}
防风固沙	防风固沙
生物多样性保护	生物多样性保护
森林防护	森林防护

助观测点以及几万块固定样地的大数据，完成的《退耕还林工程生态效益监测国家报告（2013）》《退耕还林工程生态效益监测国家报告（2014）》和《退耕还林工程生态效益监测国家报告（2015）》，得出相关指标和评估价值为基础，对少数指标结合同类产品市场成本价做适当修整，得出主要量化考察指标量化价格。

随着郁闭度增加，森林生态效益会向好的方向发展，也就是说评估指标实际上呈动态状态，为此，测算采用2000～2015年连续清查数据指标的变化计算出各指标的年均变化率，以此作为计算值调整的依据（见表16-4）。

表16-4 计算指标量化数据表

指标体系	评估指标	单位	长江流域及南方地区	黄河流域及北方地区	北方风沙地区	年均增长率（%）
涵养水源	涵养水源	立方米/公顷·年	2100.00	1275.00	135.00	1.90
		元/公顷·年	25140.00	15195.00	1305.00	—
		元/吨	12.00	12.00	12.00	—
保育土壤	固土	吨/公顷·年	28.20	25.05	16.65	1.38
		元/公顷·年	5805.00	5445.00	930.00	—
	保肥	千克/公顷·年	1032.30	815.55	636.15	1.56
		元/公顷·年	1238.70	978.75	763.35	—
固碳释氧	固碳	千克/公顷·年	2190.00	1783.20	480.00	1.72
		元/公顷·年	219.30	178.35	48.45	—
	释氧	千克/公顷·年	5280.00	4080.00	1035.00	1.63
		元/公顷·年	3380.10	2612.10	705.75	—
林木积累营养物质	林木积累营养物质	千克/公顷·年	39.45	30.60	17.40	2.43
		元/公顷·年	710.85	1012.05	314.10	—
净化大气环境	提供空气负氧离子	微摩尔/公顷·年	0.72	0.57	0.33	1.75
		元/公顷·年	3.90	1.65	1.80	—
	吸收污染物	千克/公顷·年	144.00	160.20	59.10	0.76
		元/公顷·年	143.70	159.75	58.95	—
	滞尘	千克/公顷·年	2.02	1.86	6060.00	1.96
		元/公顷·年	11085.00	11130.00	990.00	—
	吸滞TSP或PM_{10}	千克/公顷·年	1.62	1.48	3.39	1.38
		元/公顷·年	380.40	355.35	105.00	—
	吸滞$PM_{2.5}$	千克/公顷·年	810.00	750.00	0.93	1.20
		元/公顷·年	6465.00	6015.00	4305.00	—

（续表）

指标体系	评估指标	单位	长江流域及南方地区	黄河流域及北方地区	北方风沙地区	年均增长率（%）
防风固沙	防风固沙	吨/公顷·年	0.90	25.05	131.25	1.91
		元/公顷·年	150.00	7035.00	36750.00	—
生物多样性保护	生物多样性保护	元/公顷·年	9881.55	6816.60	1995.00	3.65
森林防护	森林防护	元/公顷·年	139.20	5468.55	6285.00	1.90

注：单位面积发生量数据系根据2013～2015年连续清查数据测算得出，需根据林龄调整。

3）效益测算

考虑生态公益林一般需栽后30年才逐步进入成熟林，测算按照30年周期计算，即1999～2028年。

退耕还林和荒山造林参照各地实际情况，长江流域及南方一般3年可达郁闭度0.2以上，开始计算生态效益。黄河流域及北方地区一般5年可达郁闭度0.2以上，开始计算生态效益。封山育林按当年开始计算生态效益增量。

根据中国国际咨询工程公司对前一轮退耕还林还草工程开展的中期评估抽样结论，退耕还林造林核查的成活率、保存率、合格率基本上达到国家规定要求，其中退耕地造林94.8%，荒山荒地造林93.6%。因此，测算按照加权平均94%计算。

由于生态林30年内均处于生长曲线上升期，其年生长率按其栽植后15年内的平均值计算。

（3）工程成本效益分析

从整个退耕还林工程分析，计算期30年内，工程投资成本平均13680元/公顷，土地机会成本84420元/公顷，抚育管护成本12540元/公顷，经济收益平均51435元/公顷，生态效益109.525万元/公顷，净效益106.87万元/公顷。按照社会折现率8%计算，30年计算期限的净现值69305亿元，动态内部收益率45%，回收期8.15年。

（4）国民经济成本效益分析

国民经济评价主要将国家转移支付给农户的补助资金去掉，其他评估指标的影子价格不变。从国家角度分析整个退耕还林工程，计算期30年内，工程投资成本平均4200元/公顷，土地机会成本84420元/公顷，抚育管护成本12540元/公顷，经济收益平均51435元/公顷，生态效益109.52万元/公顷，净效益107.82万元/公顷。按照社会折现率8%计算，30年计算期限的净现值70681亿元，动态内部收益率47%，回收期7.94年。

通过综合效益分析，可以得出结论：

站在农户的角度，前一轮退耕还林从成本费用上分析是可行的，尤其对立地质量稍好的退耕还经济林的效益更突出些。除了可量化的部分外，农户得到的实惠还有通过农村能源建设减少的日常运行成本、退耕后腾出人工外出务工获得的家庭增收、农村道路建设获得的交通便利，以及移民给山区农民带来的永久脱困等综合效益。

站在整个工程和国家的角度，前一轮退耕还林从成本效益上分析不仅是合算的，而且远超过一般经济项目的收益。项目生态效益尤为显著。退耕还林工程是一个多赢工程，农户、国家均得益，尤其是国家、社会得益更大。

16.3.4 项目可持续性评价

16.3.4.1 解决“三农”问题分析

人类农耕文明史，也是一部毁林开荒史。“开一片片荒地脱一层层皮，下一场场大雨流一回回泥，累死累活饿肚皮。”朴素的民谣，生动揭示了人类肆意开荒垦殖，陷入越垦越穷、越穷越垦恶性循环的道理。退耕还林工程区从前大多穷山恶水，不仅人民生活困苦，而且生存环境极其恶劣。特别是山区、沙区农民广种薄收，农业产业结构单一，许多潜力发挥不出来。退耕还林工程的实施，使许多沟壑纵横的耕地长满了郁郁葱葱的林木，使许多泥沙俱下的河流变得清澈见底，人们从“穷山恶水”的恶性循环中走出，迈上了“青山绿水”的良性循环之路。陕西延安、贵州毕节、甘肃定西、宁夏固原等生态恶劣、经济贫困的地区逐步走上了“粮下川、林上山、羊进圈”的良性发展道路。同时，通过基本农田建设、农村能源建设、生态移民、禁牧舍饲、发展后续产业等各项配套措施的落实，使工程区政府也开始有人力、财力、物力去开展通路、通水、通电、通网等基础设施建设，促进了开放开发，工程区“生产发展、生活宽裕、乡风文明、村容整洁、管理民主”的新农村建设格局逐步形成。在内蒙古、广西、西藏、宁夏、新疆5个少数民族自治区，退耕还林被当地政府称为“维稳”工程。退耕还林工程在民族地区实施800万公顷，占全国总任务的1/4强，对于加强民族团结、维护边疆稳定发挥了极其重要的作用。

很多基层干部和专家学者认为，退耕还林不仅是中国生态建设史上的历史性突破，也是中国文明发展史上的重要里程碑，给我国农村带来了一场广泛而又深刻的变革，对我国经济社会发展的影响十分深远。2009年10月，温家宝在甘肃定西考察退耕还林情况时说：“历史上说的陇东苦瘠甲天下，指的就是定西等地。这些年，定西经济社会发展出现可喜变化，主要得益于退耕还林，得益于产业结构调整，得益于农民外出打工。”这是对退耕还林在解决“三农”问题方面的贡献的高度概括。

16.3.4.2　社会效益分析

（1）开辟了农民增收新途径

退耕还林是迄今为止我国最大的惠农项目。截至2015年底，退耕农户户均累计得到8700元的补助。尤其是西部地区、高寒地区、民族地区和贫困地区，退耕还林补助一定程度上缓解了当地农民的贫困问题，生活普遍得到改善。陕西省延安市兑现退耕还林政策补助资金91.14亿元，户均32384元，人均7421元，成为农民收入的重要组成部分。许多地方在退耕还林过程中，按照可持续发展的要求，探索培育了具有区域比较优势和市场前景好的生态经济型产业，为农民增收开辟了新途径。林木本身也是一种有价值的资源，管护较好的经济林每年每公顷收益多数已达到7500元以上，生态林可以通过林下经济和生态旅游获得部分收益，且林木价值较高，林木成熟后采伐利用每公顷收益可达到3万元以上，退耕地还林多数已成为退耕农民的“绿色银行”。内蒙古自治区鄂尔多斯市积极发展退耕还林后续产业，形成了林板、林纸、林饲、林能、林景及饮品、药品、保健品一体化的林业产业格局，建成规模以上龙头企业20多家。2014年全市林沙产业企业生产人造板4万立方米，杏仁露2.15万吨，沙棘饮料0.72万吨，沙棘酱油醋1.6万吨，沙棘黄酮胶囊、脂粉、果粉4.8万吨，生物质发电3.23亿度，柠条饲料1.5万吨，总产值达11.1亿元。企业用于收购原料资金3.55亿元，带动农牧民8.8万人，人均增收2358元，部分乡镇农牧民人均纯收入中林沙产业收入占比超过50%。

通过退耕还林工程的带动，云南省临沧市累计建成特色经济林88万公顷，发展林下产业基地4.2万公顷，人均经济林面积达到0.47公顷以上。2015年，临沧市林业产值145亿元，农民人均林业收入达3000元，核桃、坚果、茶叶等已经成为农户增收致富的支柱产业。凤庆县安石村，把广种薄收的地块全部种上了核桃和茶叶，全村人均纯收入达9392元，比退耕前增加了近10倍。在云县爱华镇黑马塘村看到，山坡上的大片核桃林已经挂果，鸡蛋大小的核桃长势喜人，树下套种的魔芋也有40厘米高。“这约0.5公顷地以前都是种玉米，每公顷产量不过4500千克。退耕还林后栽了核桃树，去年光是卖核桃就有2万多元。”村民杨得才说，核桃树管护相对简单，平时自己还可以打打零工，家里收入增加不少，一家人的生活大为改善。

（2）促进了农村产业结构调整，带动了地方经济发展

退耕还林使广大农民从长期以来“脸朝黄土背朝天”的耕作方式中解放出来从事多种经营，开始转向种植业、养殖业、加工业等多种经营和劳务输出，带动了相关产业的发展，拓宽了农民就业渠道，增加了农户收入，促进了地方经济发展。农民说，退耕还林以来，树栽得多了，地种得少了；技术学得多了，农闲时间少了；钱比过去赚得多了，生活条件比过去好多了。如甘肃退耕农户已经走上了林业经济和特色产业开发的多元化发展道路，全省种植业内部粮食、经济作物、饲养的结构比例由退耕前的73∶12∶15调整为现在的60∶15∶25，很多退耕农户已经从种植结构调整中直接受益。贵州省都匀市依托退耕还林大力发展茶产业，到2013年全市可采茶园面积已达4200公顷，全市退耕还茶年产值达6.8亿多元，户均增收20800余元。宁夏依托退耕还林发展林草间作面积19012.67多万公顷、林药间作面积7333公顷、“山杏、大扁杏”8万公顷、柠条43.73万公顷，年增产值近70亿元。新疆依托退耕还林种植林果面积达到16万公顷，林果收入已成为当地农民增收的主要来源，若羌县在退耕还林政策的支持下，以发展红枣为主

进行产业结构调整，全县种植红枣面积达1.39万公顷，年产红枣7.2万吨，年产值26.4亿元；青河县依托退耕还林发展大果沙棘6667公顷，引进大型加工企业，形成了“企业+农户+基地”的新型林业产业发展模式。

退耕还林退出了产量低而不稳定的陡坡耕地和严重沙化耕地，减少了农民对贫瘠土地广种薄收的依赖，解放了农村劳动力，使大量的农村富余劳动力转移到城市或其他产业，增加了收入，提高了生活水平。如重庆退耕还林转移富余劳动力198万人，退耕农户的种养殖业收入和外出务工收入分别由退耕前的80%、20%调整为现在的40%、60%，全市2013年退耕农户外出务工劳务收入达296亿元。宁夏实施退耕还林后，每年稳定输出27万人次劳动力，劳务收入由退耕前的6.3亿元增加到12.6亿元。四川根据对丘陵地区的调查，大约每退0.2公顷坡耕地可转移1个劳动力，全省退耕农户中有400万剩余劳动力外出务工，年均劳务收入达217亿元，占退耕农民年人均纯收入的43%。据宁夏回族自治区对隆德、西吉两县的抽样调查，退耕还林前平均每个劳动力每年外出务工时间为3个月，退耕还林后增加到每年8个月。

据国家统计局对全国24个省（自治区、直辖市）29500户退耕农户的连续监测结果显示，2012年退耕户外出从业的劳动力占全部劳动力比重为31.3%，比2007年提高4.8个百分点，比全国农村平均水平高5.8个百分点；从2007年到2014年，退耕农户人均纯收入由2972元增加到2014年7602元，年均增长14.36%；2014年，人均工资性收入3464元，对纯收入增长贡献率达59.1%。人均退耕地林产品收益由6元增加到70元，年均递增42.04%。

（3）实现了林茂粮丰

退耕还林调整了土地利用结构，改善了农业生产环境，促进了农业生产要素的转移和集中，提高了复种指数和粮食单产，内蒙古赤峰市和乌兰察布市、四川省凉山州、贵州省遵义市、陕西省延安市、甘肃省定西市和陇南市、宁夏南部山区等很多退耕还林重点地区都实现了地减粮增。

遵义市在退耕还林后，着力加强基本农田建设，几年来，全市共改造中低产田6.67多万公顷，新增、恢复灌溉面积3.33多万公顷，人均有效灌溉面积超过334

平方米。随着农业科学技术的大力推广，全市粮食产量在退耕9.83万公顷的情况下，仍然保持了连续增长的态势。“退耕还林后，县里统一对农田进行了改造，我家的田少了一半，但粮食产量却比以前还高呢。”遵义市正安县新洲镇农民王栓民说。

内蒙古自治区在退耕地还林92.2万公顷的情况下，谷物单产由1998年的3878千克/公顷提高到2010年的4912千克/公顷，粮食产量由1575.4万吨增加到2158.2万吨，分别增长26.7%和37.0%。

宁夏2010年粮食总产量达356.5万吨，实现连续7年增产，比2000年粮食总产量252.7万吨增加了103.8万吨，增长41.1%。重庆通过巩固退耕还林成果专项规划建设基本口粮田，通过灌排设施建设、土壤改良等工程和农艺措施，增强抗御干旱和洪涝灾害的能力，实施退耕还林后，每年粮食总产量都稳定在1100万吨以上。青海通过加大基本口粮田建设，2008～2011年，耕地粮食年均公顷增产450～900千克。贵州2012年据10个退耕还林县的监测，10个县共有耕地面积66.85万公顷，实施退耕还林以来共减少6.69万公顷坡耕地，但粮食总产量却由2001年退耕还林前的144.76万吨，增加到2012年的193.9万吨，人均粮食产量由2001年退耕前的368千克增加到2012年的457千克。

地处科尔沁沙地南缘的辽宁省彰武县，曾是沙丘遍布的风沙之地。经过十余年退耕还林，全县6座万亩（折合667公顷）以上的流动、半流动沙丘得以固定。如今，通过退耕还林工程，当地农田林网纵横交织，城镇村屯绿树成荫，生态环境得到根本性改善。扬沙天气由过去的40天减少到了18天，空气相对湿度增加10%左右，无霜期延长10天左右，全县粮食产量由2000年的17万吨增加到2015年的116万吨，成为辽宁省的商品粮基地县。

据国家统计局统计数据分析，1998～2003年退耕还林工程省份粮食减幅比非退耕还林省份少14.4个百分点，退耕还林省份中西部省份比东北、中部省份减幅少6个百分点，25个退耕还林工程省份减少的粮食产量仅占全国粮食总减产量的59.7%。近年来，全国粮食持续增产，退耕还林工程区贡献巨大。与退耕还林前的1998年相比，2013年工程区粮食播种面积增长9.18%，谷物单产提高19.0%，粮食总产量增加34.45%，对实现全国粮食连续增产的贡献率达近90%。

同时，通过退耕还林以及调整种植业结构，大大增加了木本粮油、干鲜果品和肉蛋奶产量，有效改善了食物和营养结构。宁夏通过退耕还林还草，实现了种植业内部的结构调整，带动了草畜、林果、育苗等产业的发展。全区草原理论载畜量由2003年的128.45万羊单位提高到了2015年的298.48万羊单位，羊只饲养量由380万只增加到1585万只，畜牧业年增长速度超过10%，呈现出生态恢复、生产发展的良好局面。

（4）农村生产生活方式得到有效调整

退耕还林从根本上改善了一些地区的生态环境和生存、生活和生产条件。而且，通过落实基本农田建设、农村能源建设、生态移民、禁牧舍饲、发展后续产业等各项配套措施，进一步改善了农村的“三生”方式，大大加快了新农村建设步伐。生态移民工程不但改善了生活环境，而且增加了致富门路。湖南省花垣县响水村76户350人移民安置到县城，经过培训实现转移就业，月工资达1500～3500元。据国家统计局监测，2014年退耕农户人均居住面积为28.1平方米，每百户拥有家用汽车7.8辆、电视机109.6台、家用电脑8.8台、电冰箱65台、摩托车63辆。沼气、太阳能等农村能源建设，使薪柴消耗在退耕农户能源消耗中所占比重大幅度减少。

同时，实施退耕还林工程，充分体现了党和政府改善生态面貌的决心和魄力，广大干部群众亲身感受到了生态改善给生产生活带来的好处，也极大地增强了全民生态意识。

16.3.4.3　生态效益分析

（1）大大加快了国土绿化进程

退耕还林工程造林占同期全国林业重点工程造林总面积的一半以上，相当于再造了一个东北、内蒙古国有林区，占国土面积82%的工程区森林覆盖率平均提高3个多百分点，西部地区有些市县森林覆盖率提高了十几个甚至几十个百分点，昔日荒山秃岭、满目黄沙、水土横流的面貌得到了改观。陕西省森林覆盖率由退耕还林前的30.92%增长到37.26%，净增6.34个百分点，陕北地区森林植被向北延伸了400千米。陕西省吴起县从1999～2012年，完成退耕还林15.8万公顷，林草覆盖度由1997年的19.2%提高到2012年的65%。

（2）减少了水土流失

退耕还林增加了地表植被覆盖度，涵养了水源，减少了土壤侵蚀，提高了工程区的防灾减灾能力。据贵州省对10个重点退耕还林县的连续监测，年土壤侵蚀模数由退耕前的3325吨/平方千米减少到931吨/平方千米，下降了72%。贵州省遵义县松林镇丁台村，退耕还林前5口水井成了枯井，老百姓靠远距离挑水吃，2000年退耕还林80公顷后，5口水井都涌出了清泉，解决了村民的吃水难题。据四川省定位监测，通过实施退耕还林工程，10年累计减少土壤侵蚀3.2亿吨、涵养水源288亿吨，减少土壤有机质损失量0.36亿吨、氮磷钾损失量0.21亿吨，境内长江一级支流的年输沙量大幅度下降，年均提供的生态服务价值达134.5亿元。湖南省湘西土家族苗族自治州，由于长期毁林开垦、刀耕火种，造成严重的水土流失，付出了沉重的生态代价。到2010年，湘西累计完成退耕还林工程建设任务27.07万公顷，其中退耕地还林13.2万公顷，荒山荒地造林和封山育林13.87万公顷，全州森林覆盖率提高15个百分点。湖南省吉首市退耕还林效益监测点的监测结果表明，年土壤侵蚀模数由退耕前的3150吨/平方千米下降到1450吨/平方千米，生态面貌发生了根本性变化。据长江水文局监测，年均进入洞庭湖的泥沙量由2003年以前的1.67亿吨减少到现在的0.38亿吨，减少77%。重庆通过退耕还林共治理水土流失面积1.67万平方千米，土壤侵蚀模数由实施退耕还林前的年均5000吨/平方千米降低到了目前的3642吨/平方千米，减少了23.9%，每年减少土壤侵蚀2765万吨。长江水利委员会的专家认为，长江输沙量减少，退耕还林工程功不可没。陕西通过退耕还林治理水土流失面积达9.08万平方千米，黄土高原区年均输入黄河泥沙量由原来的8.3亿吨减少到4.0亿吨。宁夏实施退耕还林以来，年均治理水土流失面积超过1000平方千米，水土流失初步治理程度接近40%，每年减少流入黄河的泥沙4000多万吨。

（3）减轻了风沙危害

北方地区在退耕还林中，选择生态区位重要的风沙源头和沙漠边缘地带，采用根系发达及耐风蚀、干旱、沙压等防风固沙能力强的树种，林下配置一定的灌草植被，营造防风固沙林，取得了良好效果。退耕还林为我国沙化土地由20世纪末每年扩展3436平方千米转变为近几年每年减少1283平方千米的逆转发挥了重要作用，特别是京津风沙源区，通过长期实施退耕还林工程，有效减少了沙化面积、减轻了风沙危害，实现了由“沙逼人退”向“人进沙退”的历史性转变。内蒙古自治区是全国退耕还林总任务及配套荒山荒地造林任务最多的省份，工程区林草覆盖度由15%提高到70%以上，退耕地的地表径流量减少20%以上，泥沙量减少24%以上，地表结皮增加，水土流失和风蚀沙化得到遏制，扬尘和风沙天气减少，局部地区小气候形成，生态状况明显改善。鄂尔多斯市伊金霍洛旗有林地面积由退耕前的17.8万公顷增加到目前的23.8万公顷，森林覆盖率由27.4%提高到38.1%，沙化状况实现了根本性转变，并进入了治理利用的新阶段。河北退耕还林工程实施以来，全省沙化土地减少9.59万公顷。陕西北部沙区每年沙尘暴天数由过去的66天下降为24天，延安的平均沙尘日数由1995～1999年的4～8天减少到2005～2010年的2～3天。宁夏退耕还林以后，治理沙化土地33.33多万公顷，全区沙化土地总面积比1999年减少25.8万公顷，实现治理速度大于沙化速度的历史性转变；地处毛乌素沙地南缘的盐池县植被覆盖度由退耕前的5.95%提高到了35%。

（4）提高了工程区防灾减灾能力

退耕还林增加了大量林草植被，改变了区域小气候，一些地区自然灾害得到了明显缓解，防灾减灾能力也得到明显增强。如湖南湘西地区在退耕还林前，干旱、缺水、河水浑黄不堪、石漠化加剧，洪涝灾害可谓“十年九灾”，干旱出现频率为73%～92%，退耕还林后旱涝灾害出现频率降为42%～53%，洪涝、干旱等气象及衍生灾害明显减少。贵州普定县猴场乡马儿坝水库因周边大量坡耕地实施了退耕还林，2010发生西南特大旱灾期间水位仍然保持了正常水平，成为周边群众的重要饮水水源。黑龙江通过实施退耕还林工程改善了农田小气候，提高了土地的蓄水保肥能力，抵御自然灾害的能力大大增强，2007年在遭受了历史罕见旱灾的情况下，全省粮食总产量仍达到了约4000万吨的较好水平。

退耕还林前，陕西省延安市是全国水土流失最为严重的区域之一，干旱、洪涝、冰雹等自然灾害经常发生，尤其是十年九旱，农业基本上靠天吃饭。水土流失面积占国土总面积的77.8%，年入黄河泥沙2.58亿吨，约占黄河泥沙总量的1/6。退耕还林工程的实施，让延安实现了“由黄到绿”的历史性转变，植被覆盖率从2000年的46%提高到2014年的67.7%，水土流失得到有效遏制，输沙量减少了58.4%。2013年7月，延安市发生了自1945年有气象记录以来过程最长、强度最大、暴雨日最多且间隔时间最短的持续强降雨，超过百年一遇标准，由于退耕还林大部分林木已成林，林下附着物一般都在20～30毫米，对水的吸纳性非常强，大雨并没有造成大的汛情和洪涝灾害。

（5）生物多样性得到保护和恢复

退耕还林保护和改善了野生动植物栖息环境，丰富了生物多样性。工程区野生动物种类和数量不断增加，特别是一些多年不见的飞禽走兽重新出现，生物链得到修复。陕西在退耕还林工程实施后，朱鹮、大熊猫、羚牛、褐马鸡等珍稀濒危野生动物栖息地范围不断扩大，种群数量逐年增加。据有关部门调查统计，目前秦岭大熊猫种群数量已达到273只，朱鹮由1981年的7只增加到了目前1000多只，一些地方消失多年的狼、狐狸等重新出现，退耕还林第一县吴起县还于2009年建立了首家退耕还林森林公园。贵州退耕还林工程监测区植物种类由退耕前的17个科，增加到73个科。湖北实施退耕还林工程后，退耕还林地的植物物种数明显增多，随着林木的生长和郁闭度增加，退耕还林地草灌层物种组成发生变化，耐阴性植物逐渐代替喜光植物，如灌木优势种火棘、悬钩子、野蔷薇、黄荆条、马桑等已逐渐恢复。安徽省合肥市依托退耕还林建立了我国首个退耕还林生态修复的国家级森林公园（滨湖国家森林公园），2012年8月以来，公园建成自然生态和历史人文两大主题游览区，城、湖、岛交相辉映，成为环巢湖旅游的“绿色明珠”，园内植物种类也从十多种增加到281种。

（6）碳汇效益明显

退耕还林工程创造了世界生态建设史上的奇迹，资金投入最多、政策性最强、工程范围最广、群众参与程度最高，均超过了苏联斯大林改造大自然计划、美国罗斯福大草原林业工程、北非五国绿色坝工程等世界重大生态建设工程，是迄今为止世界上最大的生态建设工程，引起全球关注。退耕还林工程的实施，增加了森林面积，扩大了对碳汇的贮存和吸收。据国内有关机构和专家研究测算，到2020年，将产生6.33亿吨的生物量，3.16亿吨碳汇量，吸收大气二氧化碳11.60亿吨，为应对全球气候变化、解决全球生态问题作出巨大贡献。

《退耕还林工程生态效益监测国家报告》显示，截至2014年底，长江、黄河中上游流经的13个省（自治区、直辖市）退耕还林工程每年涵养水源307.31亿立方米、固土4.47亿吨、保肥1524.32万吨、固碳3448.54万吨、释氧8175.71万吨、林木积累营养物质79.42万吨、提供空气负离子6.62×10^{25}个、吸收污染物248.33万吨、滞尘3.22亿吨（其中，吸滞TSP 2.58亿吨，吸滞$PM_{2.5}$1288.69万吨）、防风固沙1.79亿吨。北方沙化土地退耕还林工程10个省（自治区）和新疆生产建设兵团仅400万公顷的退耕还林地每年涵养水源9.16亿立方米、固土1.17亿吨、固碳339.15万吨、防风固沙9.19亿吨。退耕还林抓住了我国生态建设的“牛鼻子”，对坡耕地和严重沙化耕地实施退耕和还林，对改善生态环境、维护国土生态安全发挥了无可替代的重要作用。

16.3.4.4　可持续性分析

退耕还林工程已成为中国政府高度重视生态建设、认真履行国际公约的标志性工程，受到国际社会的一致好评，美国、欧盟、日本、澳大利亚等30多个国家、地区和国际组织都对我国的退耕还林工程给予了高度评价。2007年7月底，美国前财政部长亨利·保尔森在甘肃、青海看了退耕还林工程后，大加赞赏。2011年5月，美国斯坦福大学教授、自然资本项目负责人格蕾琴·戴利通过深入研究后认为，退耕还林是一个极大的创新项目，中国对退耕还林的大力投入现在开始“收获果实”，退耕还林解决了两个至关重要的问题：保护环境，同时引导产业转型，为农村极端贫困人口提供致富机遇。她认为，退耕还林已经在中国取得了“显而易见的胜利”，其他国家应重视并学习中国的经验，将中国当成一面镜子。日本早稻田大学十分重视对中国退耕还林工程建设的研究，其研究报告指出，中国的退耕还林工程实现了三大效益共赢，值得亚洲各国效仿。日本《经济学人》周刊刊载文章《退耕还林——中国规模庞大的试验》，称退耕还林是中国社会能否持续发展的关键。英国《新科学家》周刊网站发表题为《中国领导绿色经济征程》的报道说，从1999年开始，中国政府已在“生态补偿”计划中投入了1000多亿美元，绝大多数集中在森林和水资源管理方面。退耕还林工程让世界看到了中国负责任的重大的行动，让世界听到了中国铿锵有力的声音。

从前面解决“三农”问题，提高社会效益、生态效益的分析，可以说明该工程对我国社会经济和美丽中国建设所展示的可持续发展潜力。

最后，给退耕还林（草）工程下如下结论：

退耕还林工程作为我国一项重大生态修复工程，主要在中西部地区实施，这些地区生态环境十分脆弱，工程建设本着生态优先的原则，通过十多年的建设，扭转与遏制了工程区生态恶化的趋势，多数地方生态状况明显好转，由“总体恶化、局部好转”向“总体好转、局部良性发展”转变，一些地方“山更绿、水更清、天更蓝、空气更清新”正在变为现实，为建设生态文明和美丽中国、增加森林碳汇、应对全球气候变化作出了重大贡献。

退耕还林工程全面实施后，有效地控制住了工程治理地区的水土流失和风沙危害，带来巨大的生态、经济和社会效益。生态效益方面，新增林草面积2667万公顷，工程区林草覆被率平均增加3.8个百分点。根据测算，2020年，一期退耕还林工程每年可带来生态效益1.6万亿元，其中涵养水源和保肥固土效益2270亿元，防风固沙效益7431亿元。经济效益方面，工程完成经济林约187万公顷，2020年保守估计年产生经济效益230多亿元，加上生态林的林下经济和生态旅游，2020年后每年产生的直接经济效益可达740亿元左右。社会效益方面，可以有效治理长江、黄河水患，大大减轻长江、黄河中下游地区水灾造成的损失，保障下游地区粮食稳产高产；还可以有效遏制“三北”地区的土地沙化进程，减轻北京、天津等华北地区乃至华东、华中地区的风沙危害。为中西部地区大量吸引人才、投资，发展旅游业创造良好的环境条件；拓宽就业门路，为当地提供近4000万个劳动就业机会；推进农村产业结构调整，优化农村生产要素配置，提高集约化经营水平，促进各业生产健康有序发展；加快中西部地区农民脱贫致富的步伐，促进少数民族地区经济发展和各民族团结，保持社会的繁荣和稳定。

退耕还林工程的实施，改变了农民祖祖辈辈垦荒种粮的传统耕作习惯，实现了由毁林开垦向退耕还林的历史性转变，有效地改善了生态状况，促进了“三农”问题的解决，并增加了森林碳汇，取得了十分显著的生态效益、经济效益和社会效益。

退耕还林工程很好地实现了中央提出的要求与调整农村产业结构、发展农村经济、加强农村能源建设、实施生态移民相结合，实现防治水土流失、保护和建设基本农田、提高粮食单产及工程治理地区的生态效益、社会效益及经济效益协同发展的目标。

从实现工程预期发展目标和可持续性方面看，基本实现规划提出的“工程治理地区的生态环境得到较大改善，为实现社会主义现代化建设第三步战略目标提供生态保障”的预期目标。

参考文献

张雪萍. 生态学原理[M]. 北京:科学出版社, 2011.

阎传海，张海荣. 宏观生态学[M]. 北京:科学出版社, 2003.

王虎学. 社会是人同自然界的完成了的本质的统一——论青年马克思哲学视域中的“本真社会”[J]. 中南大学学报（社会科学版）, 2009, 15(4):453-458.

马克思. 1844 年经济学哲学手稿[M]. 人民出版社, 2000.

恩格斯.自然辩证法[M]. 人民出版社, 1971.

马克思，恩格斯. 马克思恩格斯全集·第 30卷[M]. 人民出版社, 1995.

马克思，恩格斯. 马克思恩格斯全集·第42卷[M]. 人民出版社, 1979.

马克思. 德意志意识形态[M]. 人民出版社, 2003.

马克思，恩格斯. 马克思恩格斯选集· 第1卷[M]. 人民出版社, 1995.

马克思，恩格斯. 马克思恩格斯全集· 第23卷[M]. 人民出版社, 1972.

习近平谈治国理政. 第三卷[M]. 外文出版社, 2020.

汪明进，戴雅娜. 浅析辩证唯物主义的生态自然观[J]. 理论纵横, 2007, (8).

杨峻岭，吴潜涛. 马克思恩格斯人与自然关系思想及其当代价值[J]. 马克思主义研究, 2020(3)58-66,76.

（美）亨利·大卫·梭罗. 瓦尔登湖[J]. 上海译文出版社, 2011.

搜狗百科. 生态文明观. https://baike.sogou.com/v.

曹世雄，陈莉，郭喜莲. 试论人类与环境相互关系的历史演递过程及原因分析[J]. 农业考古. 2001(1):35-37.

张云飞. 新时代推进社会主义生态文明建设的政治宣言. 中国社会科学网.

黄河委员会. 黄河概况. 黄河网http://www.yrcc.gov.cn/hhyl/hhgk/.

智慧三农网：中国林业. http://www.pwsannong.com/bk/ly/zl1/zgly/.

赵刚. 人口、垦殖与生态环境[J]. 中国农史, 1996(1):56-66.

孟山. 黄河水利专家讲述黄河故事[N]. 洛阳日报, 2019-11-12(009).

水利部农村水利司. 新中国农田水利史略:1949—1998[M]. 中国水利水电出版,1999.

邹逸麟. 我国生态环境演变的历史回顾中国环境变迁问题初探（上）[J]. 秘书工作, 2008(1):38-40.

邹逸麟. 我国环境变化的历史过程及其特点初探[J]. 安徽师范大学学报（人文社会科学版）, 2002,30(3):292-297.

竺可桢. 中国近五千年来气候变迁的初步研究[J]. 中国科学院. 1972.

章典，等. 气候变化与中国的战争、社会动乱和朝代变迁[J]. 科学通报, 2004,49(03):2468-2474.

葛全胜，等. 中国历史时期气候变化影响及其应对的启示[J]. 地球科学进展, 2014, 29(1):23-29.

中国林业工作手册（第2版）[M]. 中国林业出版社, 2017.

新中国成立60年林业建设成就综述. http://www.forestry.gov.cn/main/1017/20090828/266328.html.

黄承梁. 在把握“两山论”中回望生态文明建设70年. https://www.sohu.com/a/347863829_100027310.

赵建军，杨博. “两山论”是生态文明的理论基石[N]. 中国环境报, 2016-02-02(003).

黄河流域气候及水资源变化现状及预估. 中国网. https://www.toutiao.com/a6802099981722321415/.

郑子彦，吕美霞，马柱国. 黄河源区气候水文和植被覆盖变化及面临问题的对策建议[J]. 中国科学院院刊，2020，35(1): 61-72.

任怡，王义民，等. 基于多源指标信息的黄河流域干旱特征对比分析[J]. 自然灾害学报, 2017,26(4)106-115.

1998年我国洪水损失2551亿元[J]. 水文. 1999(03):47.

李钧德. 黄河流域水资源利用形势日趋严峻. 新华网河南频道, 6月5日.

何霄嘉. 黄河水资源适应气候变化的策略研究[J]. 人民黄河, 2017,39(8):44-48.

胖福的小木屋. 重回盛唐？西北干枯湖泊河流正在“复活”，新疆正变为塞上江南？https://www.toutiao.com/i6996660157757342221/. 原创2021-08-15 23:28.

党双忍. 直面延安林业9个没想到. 党双忍职业日志, 2020-12-12.

中国野生植物保护协会. 中国生物多样性保护. 微信公众号：WPPAOFCHINA.

山西省林业和草原局公开发布. 国家重点保护野生植物名录（山西省）. http://lcj.shanxi.gov.cn/. 2020-04-04.

胡运宏，贺俊杰.我国林业政策演变初探[J]. 林业政策论文. 2012.

李亚辉. 环境保护与可持续发展方面的冲突与协调[J]. 环境科学导论. 2011年.

国家林业和草原局. 中国森林资源报告（2014—2018）. 中国林业出版社, 2019.

速丰办.速生丰产林基地建设工程实施进展顺利. 国家林业和草原局政府网 http://www.forestry.gov.cn/2008-05-05.

姜喜山. 我国速生丰产用材林基地建设的现状、问题与对策[J]. 中国林业产业. 2004,(1):45-47.

傅光华，傅崇煊. 退耕还林工程生态效益指标量化方法及效益评估[J]. 林产工业. 2017,44(12):28-32.

李晓玲. 新疆问责卡山保护区生态破坏问题：自治区两名副主席作深刻检查.

后　记

新中国成立以来，我国生态建设取得了巨大成就，尤其是1998年洪灾后，体制能办大事的优越性在生态修复和环境治理的大型工程实施中得到彰显，流域级宏观生态退化趋势得到遏制，党的十八大后习近平生态文明思想成为治国理政核心思想，生态文明建设更是空前高涨，日新月异。

黄河流域是我国生态区位、生态功能、生态质量等各方面均具有典型代表性的区域，是研究观察全国生态环境质量的典型代表。2019年9月18日，习近平总书记在黄河流域生态保护和高质量发展座谈会上指出，“保护黄河是事关中华民族伟大复兴的千秋大计”，选择该区域生态质量指标来衡量和评判全国生态环境整体状态是合理的。

从监测和研究数据看，黄河流域已经进入上游湿润化的第一阶段，也预示我国生态千年退化趋势已经步入逆转的良好局面。

但是，我们也必须清楚生态环境破坏容易，要完全恢复却非短期能够实现，一是生态恢复是一个漫长的过程，尤其是流域级大跨度更是百年时长计量才能显现明显效果；二是不能忽视气候因子对流域级大生态系统的影响程度，在西部及黄河流域彻底扭转生态环境退化趋势，需要坚持科学的、长期的综合施治过程。目前取得的成绩只是一个起步，只能说已经有了一个良好的开始，已经形成了向好的趋势，一个生态领域跨流域级的千年大变局雏形已经形成，历经五代领导集体及70多年的努力才取得的这种局面来之不易。

考虑几千年来人类活动的过度索取导致的生态破坏，在黄河流域生态修复恢复过程中完全依赖自然恢复是不太现实的，从本书提出的流域大气地面湿度耦合论原理分析，一定的人工干预是必须的，新中国成立以来的大规模造林复绿、水土保持、防沙治沙、湿地修复等，均属于人工干预促进。随着生态修复进入攻坚阶段，从水汽的补充开展干预将变得越来越重要，国家提出的东线、中线和西线补水工程实践对宏观生态逆转的促进作用已初步显现，西线工程对整个黄河流域乃至整个西部地区的生态恢复显得尤为重要。

中央已经把黄河流域生态保护及高质量发展提升为国家战略，加强生态保护、保障黄河长治久安、推进水资源节约集约利用、推动黄河流域高质量发展，以及保护、传承、弘扬黄河文化等一套组合拳的推出，如果再加上西线调水工程的建设，重现黄河流域生态文明盛景的时候不会太遥远。

尽管道路曲折漫长，但前途光鲜明亮。坚信具有生态文明高度自觉、体制优势驱动力集中强劲优势的中华民族，在千年生态、百年世界大变局中，美丽山河重现中华大地所有流域的时候一定会到来。